中航工业检测及焊接人员资格鉴定与认证
系列培训教材

# 航空无损检测综合知识

（Ⅱ级）

王自明　编著

国防工业出版社

·北京·

## 内 容 简 介

本书概述航空无损检测的对象、作用与特点,常规无损检测方法的基本原理、应用范围与局限性以及无损检测质量控制要求;简述航空工业无损检测技术应用所需的航空材料、航空产品制作工艺及航空产品缺陷的基本知识。附录概述金属材料的基础知识,供有需要的读者阅读。

本书为航空无损检测Ⅱ级(中级)人员资格鉴定与认证考试的综合知识培训教材。

---

图书在版编目(CIP)数据

航空无损检测综合知识. Ⅱ级 / 王自明编著. —北京:国防工业出版社,2021.3(2023.12 重印)
ISBN 978-7-118-09181-6

Ⅰ. ①航… Ⅱ. ①王… Ⅲ. ①航空器-无损检验 Ⅳ. ①V267

中国版本图书馆 CIP 数据核字(2014)第 156611 号

※

国防工业出版社出版发行
(北京市海淀区紫竹院南路23号 邮政编码100048)
北京富博印刷有限公司印刷
新华书店经售

\*

开本 787×1092 1/16 印张 9 字数 148 千字
2023年12月第1版第5次印刷 印数 7001—9000 册 定价 28.00 元

(本书如有印装错误,我社负责调换)

| 国防书店:(010)88540777 | 书店传真:(010)88540776 |
| 发行业务:(010)88540717 | 发行传真:(010)88540762 |

# 编审委员会

**主　任**　李　伟

**副主任**　李　莉　陶春虎

**成　员**　（以姓氏笔画为序）

　　　　　　于　浩　王　斌　王宇魁　尹泰伟　叶　勇
　　　　　　史亦韦　吕　健　刘　嘉　刘昌奎　刘晓燕
　　　　　　闫秀芬　杨国腾　杨胜春　杨春晟　李　泽
　　　　　　李　剑　李秀芬　何　军　何玉怀　张世林
　　　　　　张田仓　张学军　张银东　武振林　苗蓉丽
　　　　　　季　忠　金冬岩　胡成江　侯丽华　徐友良
　　　　　　郭广平　郭子静　黄玉光　章菊华　熊　瑛
　　　　　　欧阳小琴

**编审委员会秘书处**

**主　任**　宋晓辉

**成　员**　马　瑞　马文利　任学冬　李　彦　李　轩
　　　　　　张文扬　周静怡　赵　梦　盖依冰　焦泽辉
　　　　　　谢文博　程　琴

# 序　言

　　三千多年前的汉莫拉比法典，就提出了对制造有缺陷产品的工匠给予严厉的处罚，当然，在今天的以人为本的文明世界看来是不能予以实施的。即使在当时，汉莫拉比法典在总体上并没有得到真正有效地实施，其主要原因在于没有理化检测及评定的技术和方法来评价产品的质量以及责任的归属。从公元前2025年到世界工业革命前，对产品质量问题处罚的重要特征是以产品质量造成的后果和负责人为对象的，而对产品制造过程和产品质量的辨识只能靠零星、分散、宏观的经验世代相传。由于理化检测和评估技术的极度落后，汉莫拉比法典并没有解决如何判别造成质量问题和失效的具体原因的问题。

　　近代工业革命给人类带来了巨大物质文明，也不可避免地给人类带来了前所未有的灾难。约在160多年前，人们首先遇到了越来越多的蒸汽锅炉爆炸事件，在分析这些失效事故的经验教训中，英国于1862年建立了世界上第一个蒸汽锅炉监察局，把理化检测和失效分析作为仲裁事故的法律手段和提高产品质量的技术手段。随后在工业化国家中，对产品进行检测和分析的机构相继出现。材料和结构的检测开始受到重视则是近半个世纪的事情。第二次世界大战及后来的大量事故与故障，推动了力学、无损、物理、化学和失效分析的快速发展，如断裂力学、损伤力学等新兴学科的诞生以及扫描电镜、透射电镜、无损检测、化学分析等大量的先进分析设备等的应用。

　　勿容置疑，产品的质量可靠性要从设计入手。但就设计而言，损伤容限设计思想的实施就需要由无损检测和设计用力学性能作为保证，产品从设计开始就应考虑结构和产品的可检性，需要大量的材料性能数据作为设计输入的重要依据。

　　就材料的研制而言，首先要检测材料的化学成分和微观组织是否符合材料的设计要求，性能是否达到最初的基本设想，而化学成分、组织结构与性能之间的协调关系更是研制高性能材料的基础，对于材料中可能存在的缺陷更需要无损检测的识别并通过力学损伤的研究提供判别标准。

　　就构件制造而言，一个复杂或大型结构需要通过焊接来实现，要求在结构设计时就对材料可焊性和工艺可实施性进行评估,使选材具有可焊性、焊接结构具有可实施性、焊接接头缺陷具有可检测性,焊接操作者具有相应的技能水平,这样才能获得性能可靠的构件。

检测和焊接技术在材料的工程应用中的作用更加重要。失效分析作为服役行为和对材料研制的反馈作用已被广泛认识,材料成熟度中也已经考虑了材料失效模式是否明确;完善的力学性能是损伤容限设计的基础,材料的可焊性、无损检测和失效模式不仅是损伤容限设计的保证,也是产品安全和可靠使用的保证。因此,理化检测作为对材料的物理化学特性进行测量和表征的科学,焊接作为构件制造的重要方法,在现代军工产品质量控制中具有非常重要的地位和作用,是武器装备发展的重要基础技术。理化检测和焊接技术涉及的范围极其广泛,理论性与实践性并重,在军工产品制造和质量控制中发挥着越来越重要的作用。近年来,随着国防工业的快速发展,材料和产品的复杂程度日益提高,对产品安全性的保证要求越来越严格;同时,理化检测和焊接新技术日新月异,先进的检测和焊接设备大量应用,对理化检测和焊接从业人员的知识、技能水平和实践经验都提出了更高的要求。

为贯彻《军工产品质量管理条例》和GJB《理化试验质量控制规范》,提高理化检测及焊接人员的技术水平,加强理化实验室的科学管理和航空产品及科研质量控制,中国航空工业集团公司成立了"中国航空工业集团公司检测及焊接人员资格认证管理中心",下设物理冶金、分析化学、材料力学性能、非金属材料性能、无损检测、失效分析和焊工七个专业人员资格鉴定委员会,负责组织中航工业理化检测和焊接人员的专业培训、考核与资格证的发放工作。为指导培训和考核工作的开展,中国航空工业集团公司检测及焊接人员资格认证管理中心组织有关专家编写了中航工业检测及焊接人员资格鉴定与认证系列培训教材。

这套教材由长期从事该项工作的专家结合航空工业的理化检测和焊接技术的需求和特点精心编写而成,包括了上述七个专业的培训内容。教材全面、系统地体现了航空工业对各级理化检测和焊接人员的要求,力求重点突出,强调实用性而又注意保持教材的系统性。

这套教材的编写得到了中航工业质量安全部领导的大力支持和帮助,也得到了行业内多家单位的支持和协助,在此一并表示感谢。

中国航空工业集团公司

检测及焊接人员资格认证管理中心

# 前 言

基于航空无损检测Ⅱ级(中级)人员资格鉴定与认证对航空无损检测综合知识的要求,本书内容限定为航空无损检测概论和航空产品技术的初步知识。

全书设两篇和一个附录。第一篇"航空无损检测概论"分为三章:第一章概述航空无损检测的对象、作用与特点;第二章描述航空工业中普遍应用的五种常规无损检测方法(涡流检测、液体渗透检测、磁粉检测、射线照相检测、超声检测)的基本原理、应用范围与局限性;第三章介绍无损检测质量控制要求。第二篇"航空产品技术知识"分为七章:第四章介绍主要航空金属结构材料(结构钢与不锈钢、铝合金、钛合金、高温合金)及主要结构复合材料(先进聚合物基复合材料)的基础知识,及其在航空工业中的典型应用;第五章至第十章介绍航空金属产品制造涉及的基本工艺(铸造、锻造、轧制,热处理、机械加工/特种加工、表面防护、焊接、胶接,及先进聚合物基复合材料的成型与胶接)的基础知识,说明无损检测常见的金属铸件、锻件、轧制产品、熔焊接头缺陷。附录A概述金属及合金的结构、结晶、变形、回复和再结晶、固态转变,金属材料的性能、理化检验,及零件的失效等金属材料的基础知识,供有需要的读者阅读,以有助于对正文内容的理解。

本书经航空无损检测人员资格鉴定委员会审定,定位为航空所有无损检测方法Ⅱ级人员综合知识培训教材。带*号部分是要求熟悉的内容。

史亦韦、李泽、熊瑛、梁菁、李秀芬、程黎明、王蝉、石剑等对本书进行了审查,并提出宝贵意见;本教材试用过程中,许多教师和学员提出了有益的意见和建议。作者对有关参考资料的作者,对所有热情关心、支持和指导本教材编写的领导、专家和朋友们表示衷心感谢。

限于作者水平,加之编写航空无损检测综合知识教材是初次尝试,疏漏恐在所难免,欢迎读者批评、指正。

作 者

2013.4.24

# 目 录

## 第一篇 航空无损检测概论

### 第一章 航空无损检测的对象、作用与特点 ... 3

* 1.1 无损检测 ... 3
    1.1.1 无损检测的定义与内涵 ... 3
    1.1.2 无损检测的基本过程 ... 4
    1.1.3 无损检测的基本要求 ... 6
    1.1.4 航空工业研究与应用的无损检测方法 ... 7

1.2 航空无损检测的主要对象——飞机 ... 7
    1.2.1 飞机结构与功能 ... 7
    1.2.2 飞机制件结构特点 ... 10
    1.2.3 飞机结构材料特点 ... 12
    1.2.4 飞机零件制造工艺特点 ... 13

1.3 无损检测在航空产品全过程质量控制中的作用 ... 14

1.4 航空工业的无损检测特点 ... 14

复习题 ... 17

### 第二章 常规无损检测方法的基本原理、应用范围与局限性 ... 19

2.1 涡流检测 ... 19

2.2 液体渗透检测 ... 20

2.3 磁粉检测 ... 22

2.4 射线照相检测 ... 23

2.5 超声检测 ... 25

复习题 ... 28

# 第三章 航空无损检测质量控制要求 ······ 30

## 3.1 一般要求 ······ 30
### 3.1.1 检测资源 ······ 30
### 3.1.2 质量管理 ······ 30
### 3.1.3 无损检测工艺流程 ······ 31

## 3.2 详细要求 ······ 31
### 3.2.1 检测任务接收 ······ 31
### *3.2.2 检测作业质量控制 ······ 32
### *3.2.3 原始记录 ······ 36
### *3.2.4 检测结果解释与评定 ······ 36
### *3.2.5 检测报告 ······ 36
### *3.2.6 被检件交接 ······ 37
### *3.2.7 检测资料归档 ······ 37

复习题 ······ 37

# 第二篇 航空产品技术知识

# 第四章 航空材料 ······ 41

## 4.1 概述 ······ 41

## 4.2 金属材料 ······ 43
### 4.2.1 金属材料的分类 ······ 43
### 4.2.2 结构钢和不锈钢 ······ 45
### 4.2.3 铝及铝合金 ······ 47
### 4.2.4 钛及钛合金 ······ 47
### 4.2.5 高温合金 ······ 48

## 4.3 先进聚合物基复合材料 ······ 49

复习题 ······ 50

# 第五章 金属铸造与铸件缺陷 ······ 53

## 5.1 概述 ······ 53
## 5.2 铸造方法 ······ 53

  5.2.1 砂型铸造 ·················· 53
  5.2.2 金属型铸造 ················ 54
  5.2.3 熔模铸造 ·················· 54
  5.2.4 离心铸造 ·················· 55
  5.2.5 凝壳铸造 ·················· 56
 5.3 铸件缺陷 ···················· 56
  5.3.1 铸件缺陷分类 ·············· 56
  *5.3.2 无损检测常见铸件缺陷 ······· 57
 复习题 ·························· 64

## 第六章　金属塑性加工与塑性加工制品缺陷 ········ 66

 6.1 概述 ······················· 66
 6.2 锻造 ······················· 68
  6.2.1 锻造方法 ·················· 68
  6.2.2 锻件分类 ·················· 69
  *6.2.3 锻件缺陷 ················· 69
 6.3 轧制 ······················· 72
  6.3.1 轧制方法 ·················· 72
  6.3.2 轧制产品 ·················· 72
  *6.3.3 轧制产品缺陷 ·············· 73
 复习题 ·························· 78

## 第七章　金属半成品的加工/处理工艺 ············ 81

 7.1 概述 ······················· 81
 7.2 金属热处理 ··················· 81
 7.3 机械加工/特种加工 ············· 82
 7.4 表面防护 ···················· 83
 复习题 ·························· 84

## 第八章　金属焊接与熔焊接头缺陷 ··············· 85

 8.1 概述 ······················· 85
 8.2 熔焊方法 ···················· 86

  8.2.1　电弧焊 …………………………………………………………………… 86
  8.2.2　电子束焊 ………………………………………………………………… 88
 8.3　熔焊接头 ………………………………………………………………………… 89
 \*8.4　熔焊接头缺陷 …………………………………………………………………… 91
 复习题 ……………………………………………………………………………… 96

## 第九章　金属结构件胶接 ……………………………………………………………… 98

 9.1　金属胶接 ………………………………………………………………………… 98
 9.2　金属胶接结构分类 ……………………………………………………………… 98
 9.3　金属胶接工艺流程 ……………………………………………………………… 100
 9.4　金属胶接结构缺陷 ……………………………………………………………… 101
 复习题 ……………………………………………………………………………… 101

## 第十章　聚合物基复合材料制件的成形与胶接 ……………………………………… 102

 10.1　聚合物基复合材料制件的成形 ……………………………………………… 102
 10.2　聚合物基复合材料制件的胶接 ……………………………………………… 103
  10.2.1　复合材料胶接 ………………………………………………………… 103
  10.2.2　复合材料胶接结构分类 ……………………………………………… 103
  10.2.3　复合材料胶接工艺流程 ……………………………………………… 104
 10.3　先进聚合物基复合材料制件缺陷 …………………………………………… 105
 复习题 ……………………………………………………………………………… 105

## 附录　金属材料基础知识 ……………………………………………………………… 106

 一、金属及合金的结构 …………………………………………………………… 106
 二、金属及合金的结晶 …………………………………………………………… 111
 三、金属及合金的变形、回复和再结晶 ………………………………………… 113
 四、金属及合金的固态转变 ……………………………………………………… 114
 五、金属材料的性能 ……………………………………………………………… 115
 六、金属材料的理化检验 ………………………………………………………… 121
 七、零件的失效 …………………………………………………………………… 125
 复习题 ……………………………………………………………………………… 127

# 第一篇　航空无损检测概论

基于航空工业特点,航空无损检测人员应当具备的航空无损检测知识包括航空无损检测的对象、作用、特点,及质量控制要求;航空在用无损检测方法的基本知识。

对于Ⅱ级人员的基本要求:熟悉无损检测的定义与内涵,及无损检测作业质量控制要求;了解无损检测在航空产品全过程质量控制中的作用;了解飞机的结构、材料与工艺特点,及与此相关的航空无损检测特点;了解航空工业常用无损检测方法的基本原理、应用范围和局限性。

# 第一章　航空无损检测的对象、作用与特点

## ＊1.1　无损检测

### 1.1.1　无损检测的定义与内涵

无损检测(Nondestructive Testing,NDT)是研发和应用各种技术方法,以不损害被检对象未来用途和功能的方式,为探测、定位、测量和评价缺陷,评估完整性、性能和组成,测量几何特征,而对原材料和零部件所进行的检测。

无损探伤(Nondestructive Inspection,NDI)、无损检验(Nondestructive Examination,NDE)、无损评价(Nondestructive Evaluation,NDE)可认为是无损检测的同义词。

无损检测的本质特征是利用技术方法,实现对被检对象的检测,而不损害其未来用途和功能。由于无损检测对产品是非破坏性的,因而能对同一批产品实施100%的检测;对受检零件,可实现全体积检测;同一零件可以用同一种方法重复检测,也可用不同检测方法依次检测。与无损检测相对应的是破坏检测,产品检测后会被破坏,因而只能进行抽样检验;对受检零件,只能进行局部检测;往往不能对同一试样进行重复检测。无损检测与破坏检测同属于工艺检测的范畴。无损检测的结果必须与破坏检测的结果相比较后,才能予以正确评价。

无损检测的对象包括原材料和制件。原材料有铸锭、锭坯、管材、棒材、板材、型材等;制件有铸件、锻件、焊接件、胶接结构等。

无损检测的功能包括探测、定位、测量和评定缺陷;评估完整性、性能和组成;测量几何特征。

一般来说,缺陷检测是无损检测最重要的方面。因此,狭义而言,无损检测是基于材料的物理性质,因有缺陷而发生变化这一事实,在不改变、不损害材料和工件的状态和使用性能的前提下,测定其变化量,从而判断材料和零部件是否存在缺陷的技术。例如,射线照相检测是基于材料对透入射线的衰减因有缺陷而发生变化这一事实,在不改变、不损害材料和工件的状态和使用性能的前提下,基于衰减的变化,以判断材料和零部件是否存在缺陷的技术。

## 1.1.2 无损检测的基本过程

**1. 工艺流程**

无损检测的工艺流程如图 1-1 所示。顾客提出检测任务,无损检测部门会同顾客对任务进行审查确认;无损检测部门接收送检件,根据检测任务进行内容涵盖检测人员、检测仪器(设备)、检测用品(材料)、技术文件和检测环境的工艺策划,实施检测作业,对检测结果予以解释与评定,签发检测报告。

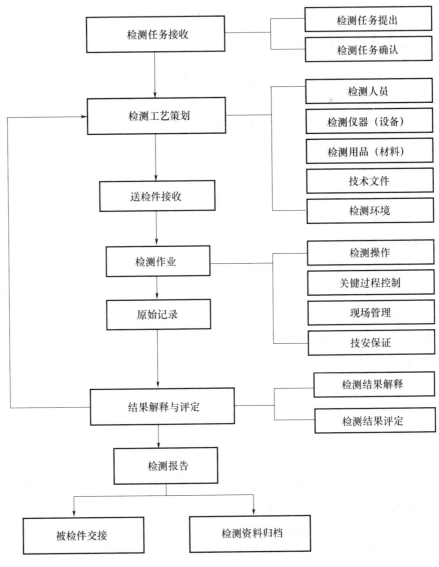

图 1-1 无损检测工艺流程框图

**2. 结果解释与评定**

如图 1-2 所示,对原材料和零部件实施无损检测获得的响应或痕迹——显示,应通过解释确定显示的类型:伪显示(虚假显示)、非相关显示、还是相关显示?对于所有相关显示,应根据验收标准进行评定,进而对检测对象作出合格或不合格的结论。

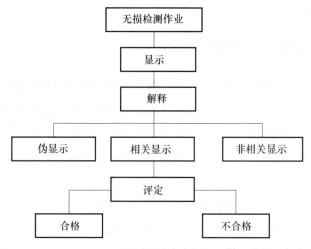

图 1-2 无损检测结果的解释与评定框图

显示的表现形式取决于所采用的无损检测方法,如渗透检测的迹痕、磁粉检测的磁痕、超声检测中指示反射体存在的信号和仪器噪声等。

显示主要源于不连续。不连续是连续性或致密性的缺欠;原材料或制件物理结构或外形"有意"或"无意"的间断。"缺欠"是指与预期状况比较,存在质量特性的偏离。"有意的"间断,例如螺孔、键槽,源于设计或工艺的需要;"无意的"间断源于制造工艺不当,例如裂纹、折叠、夹杂、孔隙、偏析,或与服役条件有关,例如腐蚀、疲劳、磨损。

显然,源于制造工艺不当,或与服役条件有关的不连续就是缺陷。或者说,缺陷是原材料或制件中源于制造工艺不当,或与服役条件有关的连续性或致密性的缺欠、物理结构或外形的间断。尺寸、形状、取向、位置或性质不满足指定的验收标准的缺陷可称为超标缺陷。

缺陷引起的显示,或者说,源于制造工艺不当,或与服役条件有关的不连续引起的显示,称为相关显示。

非缺陷不连续引起的显示,或者说,设计或工艺所要求的不连续引起的显示,称为非相关显示。

不连续以外的状态所导致的显示,或者说,由于设备、仪器、操作不当、外界干扰等因素引起的显示称为伪显示。例如,由于检测人员的手、检验台、检测工具、显像剂被渗透剂污染,操作中渗透剂的飞溅,相邻零件接触等原因,引起零件污染产生的迹痕;由于工件表面粗糙滞留磁粉,工件表面有油污粘附磁粉或由于工件表面有氧化皮等原因形成的磁痕;射线照相检测中的伪缺陷;超声检测中的仪器噪声和外界干扰信号等。

### 1.1.3 无损检测的基本要求

无损检测方法都是物理方法。由于物理量的变化与材料组织结构的异常不一定是一一对应的,因而必须掌握无损检测的理论基础,选用最适当的无损检测方法,应用正确的检测技术,在最适当的时机进行检测才能充分发挥其效果。例如要发现锻造及轧制加工所产生的缺陷,不宜采用射线照相检测;对于非奥氏体钢的钢件表面淬火裂纹和磨削裂纹宜选用磁粉检测。对于粉末冶金制件的微缺陷超声检测,宜采用超声水浸聚焦C扫描技术;微孔隙检测宜采用超声声速测量技术。此外,无损检测的时机也是一个重要因素,例如经过焊接或热处理的某些材料会出现延迟断裂现象,即在加工或热处理后,经过几个小时甚至几天才产生裂纹。因此,必须了解这些情况以确定检测时机。

无损检测的可靠性与被检工件的材质、组成、形状、表面状态、所采用的物理量的性质以及被检工件异常部位的性质、形状、大小、取向和检测装置的特性等关系很大,而且还受人为因素、标定误差、精度要求、数据处理和环境条件等的影响。因此,需要根据不同情况选用不同的物理量,而且有时往往需要综合考虑几种不同物理量的变化情况,才能对材料组织结构的异常情况作出可靠的判断。可见,不管采用哪一种检测方法,要完全检测出异常部位是十分困难的,而且往往不同的检测方法会得到不同的信息,因此综合应用几种方法可以提高无损检测的可靠性。

在选择评价具体缺陷的无损检测方法时,必须记住:无损检测方法可以彼此补充,几种无损检测方法可能都有能力执行同一任务。具体方法的选择取决于下列因素:缺陷的类型和部位;被检对象的尺寸、形状和材质;以及检测的可达性、所采用的验收标准、可能获得的设备、价格等。

检测方法、检测技术、检测时机确定后,为了确保无损检测的正确实施,还必须对无损检测进行全面、全员、全过程的质量控制。

无损检测作业应控制的要素主要有检测人员、检测仪器设备、检测用品(材料)、检测标准与文件、检测操作、检测环境。即通常所说的"人、机、料、法、测、环"六大要素。具体内容见第三章航空无损检测质量控制要求。

可见,正确地执行无损检测任务所必须满足的基本要求是,检测方法适宜、检测技术正确、检测时机适当、检测作业质量控制严格。

### 1.1.4 航空工业研究与应用的无损检测方法

根据物理原理的不同,无损检测方法多种多样。航空工业中最普遍采用的有液体渗透检测(PT)、磁粉检测(MT)、射线照相检测(RT)、超声检测(UT)和涡流检测(ET),通称五大常规无损检测方法。其中,射线照相检测和超声检测主要用于检测内部缺陷,而液体渗透检测只能检测表面开口缺陷,磁粉检测和涡流检测只能检测表面和近表面缺陷。航空工业研究与应用的其他无损检测方法主要有声发射检测(AE)、计算机层析成像检测(CT)、激光全息干涉检测/错位散斑干涉检测(H/S)、红外热像检测(IR)。

## 1.2 航空无损检测的主要对象——飞机

### 1.2.1 飞机结构与功能

航空无损检测的主要对象是飞机,如图 1-3 所示。

图 1-3 飞机示例(预警机)

飞机,指具有机翼和一台或多台发动机,靠自身动力能在大气中飞行的重于空气的航空器。或者说,飞机是有动力驱动的有固定机翼的而且重于空气的航空器。

飞机结构包括机翼、机身、尾翼、起落装置和动力装置五个主要部分,如图1-4所示。

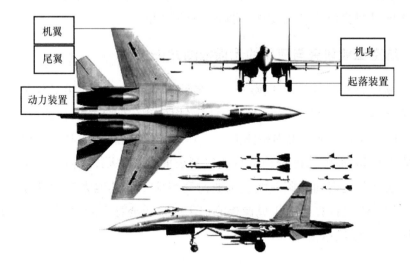

图1-4 飞机的主要组成

机身的主要功用是装载乘员、旅客、武器、货物和各种设备;还可将飞机的其他部件如尾翼、机翼及发动机等连接成一个整体。

尾翼包括水平尾翼(平尾)和垂直尾翼(垂尾)。水平尾翼由固定的水平安定面和可动的升降舵组成(某些型号的民用机和军用机整个平尾都是可动的控制面,没有专门的升降舵)。垂直尾翼则包括固定的垂直安定面和可动的方向舵。尾翼的主要功用是用来操纵飞机俯仰和偏转,以及保证飞机能平稳地飞行。

起落装置又称起落架,是用来支撑飞机并使它能在地面和其他水平面起落和停放。陆上飞机的起落装置,一般由减振支柱和机轮组成,此外还有专供水上飞机起降的带有浮筒装置的起落架和雪地起飞用的滑橇式起落架。它是用于起飞与着陆滑跑、地面滑行和停放时支撑飞机。

动力装置主要用来产生拉力或推力,使飞机前进。其次还可以为飞机上的用电设备提供电力,为空调设备等用气设备提供气源。现代飞机的动力装置是航空发动机,目前应用最广的是燃气涡轮发动机,包括涡轮喷气发动机(简称涡喷发动机)、涡轮风扇发动机(简称涡扇发动机)、涡轮螺旋桨发动机(简称涡桨发动机)和涡轮轴发动机。所有航空发动机都具有压气机、燃烧室和涡轮机。涡轮螺旋桨发动机主要用于时速小于800km的飞机;涡轮风扇发动机主要用于速度更高的飞机;涡轮喷气发动机主要用于超声速飞机;涡轮轴发动机主要用作直升机的动力。

涡轮喷气发动机的工作原理如图1-5所示。经进气道流入的空气通过压气机增压后进入燃烧室与燃油混合燃烧，燃气气流推动涡轮高速旋转，并从尾喷口喷出产生推力。

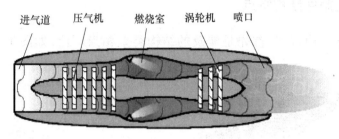

图1-5　涡轮喷气发动机工作原理示意图

由于涡轮喷气发动机的推进效率低，能量损失大，耗油率高，因此，为提高推进效率，出现了涡轮风扇发动机。

如图1-6所示，流入涡轮风扇发动机的空气在风扇中增压后，一部分由燃气发生器中流过，称为内涵气流；一部分由围绕燃气发生器外壳的外涵道中流过，称为外涵气流，发动机推力由内、外涵气流分别产生的推力组成。

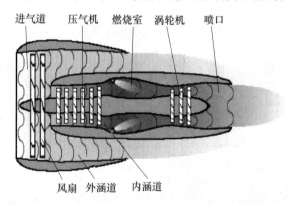

图1-6　涡扇发动机工作原理示意图

涡扇发动机具有耗油率低、起飞推力大、噪声低、迎风面积大等特点，在现代飞机上得到广泛应用。其中高推重比、带加力燃烧室的低流量比涡扇发动机，被作为空中优势战斗机的动力；而大流量比、大推力的涡扇发动机则用于大型宽体客机和战略远程巨型运输机上。

飞机除了上述五个主要部分之外，还装有各种仪表、通信设备、领航设备、安全设备和其他设备等。

现代飞机的高性能、高质量、高寿命、高可靠性和高安全性要求，导致飞机机体和航空发动机的结构、材料及工艺有其自身的特点,主要特点是结构的复杂性、材料与制造工艺的多样性和先进性。

### 1.2.2 飞机制件结构特点

飞机制件结构特点:首先是涉及的结构类型相当广泛,如图1-7、图1-8所示。

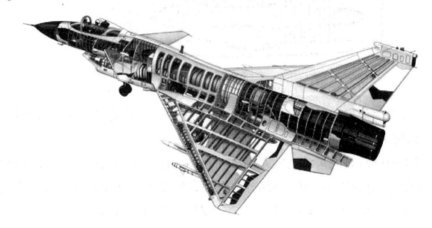

图1-7 某飞机机体结构

图1-8 AL31FN涡轮风扇发动机结构

其次,涉及的结构相当复杂,如大型薄壁复杂整体精铸件;铸造空心无余量涡轮叶片;发动机高温合金整体机匣,如图1-9~图1-11所示。

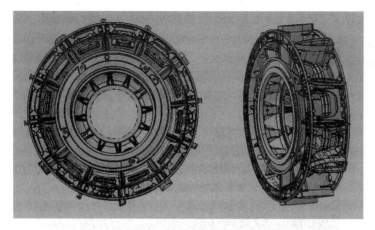

图1-9 某发动机风扇机匣(Ti6Al4V 合金铸件;直径 1200mm)

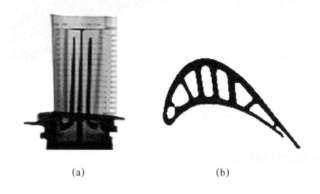

(a) (b)

图1-10 典型的空心无余量涡轮叶片

(a) DR 图;(b) CT 图。

图1-11 高温合金整体机匣

第三,大量采用胶接结构。金属胶接结构包括蜂窝胶接结构、钣金胶接结构和复合胶接结构;复合材料胶接结构包括复合材料—复合材料胶接、复合材料—金属材料胶接、复合材料—蜂窝芯子胶接,如图1-12所示。

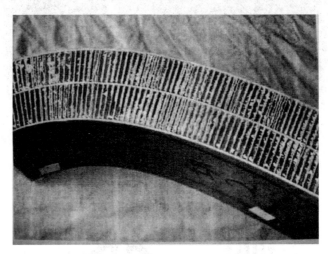

图1-12 胶接结构示例

C—型玻璃钢面板-Nomex蜂窝结构(断面)。

## 1.2.3 飞机结构材料特点

**1. 机体结构材料**

机体结构材料大量使用高比强度和高比模量的先进材料,如超高强度钢、铝合金、钛合金、复合材料,从而提高飞机的结构效率,降低飞机结构重量系数。机体结构材料的发展趋势是随着飞机性能的提高,树脂基复合材料和钛合金用量增加,传统铝合金和钢材用量减少。军用飞机机体结构材料用量对比见表1-1。

表1-1 军用飞机机体结构材料用量对比表(结构质量分数)

| 飞机型号 | 设计年代 | 钛合金 | 复合材料 | 铝合金 | 结构钢 |
|---|---|---|---|---|---|
| F14 | 1969 | 24 | 1 | 39 | 17 |
| F15 | 1972 | 27 | 2 | 36 | 6 |
| F18 | 1978 | 13 | 12 | 49 | 12 |
| F117 | 1983 | 25 | 10 | 20 | 5 |
| B2 | 1989 | 26 | 50 | 19 | 6 |
| F22 | 1989 | 41 | 24 | 11 | 5 |

**2. 发动机结构材料**

航空发动机的性能水平在很大程度上依赖于高温材料的性能水平,其主要结构材料是高温合金和钛合金。压气机盘和叶片所需的 550～600℃ 高温钛合金、涡轮部分所需的 650～750℃ 粉末涡轮盘材料及 1050～1100℃ 单晶叶片材料等是发动机核心机转动部件所需的关键材料。各种材料在发动机上的应用发展趋势如图 1-13 所示。

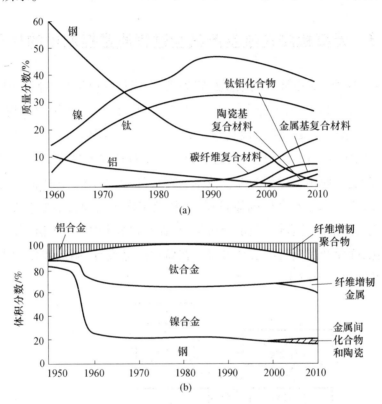

图 1-13　航空发动机结构材料用量的发展趋势
(a) 英国罗·罗公司资料；(b) 美国 NASA 资料。

## 1.2.4　飞机零件制造工艺特点

与飞机材料和结构的特点相适应,飞机零件制造工艺除传统的铸造、塑性加工、热处理、机械加工、表面处理、焊接外,还大量采用先进工艺。例如:

(1) 先进真空熔炼技术:真空自耗电弧熔炼、电子束熔炼。

(2) 先进成形技术:粉末冶金(粉末热等静压(HIP)、粉末预成形件热锻);喷射成形。

(3) 先进铸造技术：定向凝固、单晶；熔模精密铸造离心浇注；凝壳铸造。

(4) 特种加工：化学铣切、激光切割、电解加工、电脉冲加工、激光打孔、离子溅射腐蚀。

(5) 先进连接技术：先进焊接工艺——熔焊方法中的电子束焊、激光焊；压焊方法中的摩擦焊、扩散焊。胶接——金属胶接、复合材料胶接。

(6) 表面防护：表面处理、表面改性、表面镀涂。

## 1.3 无损检测在航空产品全过程质量控制中的作用

如图1-14所示，设计部门根据顾客需求，考虑材料科学与工程发展水平设计产品；工厂进行研制生产；合格的产品交用户使用。用户将使用中出现的问题或需方的更高要求反馈设计单位改进设计，进入下一个循环。在整个过程中，无损检测既是一门区别于设计、材料、工艺和产品的相对独立的技术，又是一门贯穿于产品设计、制造和使用全过程的综合技术。在设计阶段，用于支持损伤容限设计；在制造阶段，用于剔除不合格的原材料、坯料及工序不合格品，改进制造工艺，鉴定产品对验收标准的符合性，判定合格与否；在在役检测中，用于监测产品结构和状态的变化，确保产品运行的安全可靠。在航空产品设计、制造和使用中，无损检测技术已经获得广泛应用。

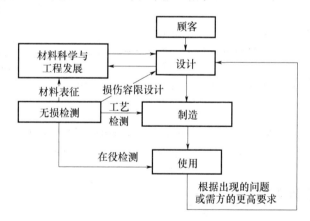

图1-14 无损检测在航空产品全过程质量控制中的作用示意图

## 1.4 航空工业的无损检测特点

现代飞机的高性能、高质量、高寿命、高可靠性和高安全性要求，及大量使用

新材料、新工艺、新结构的结果,导致航空工业无损检测具有不同于通用工业无损检测的若干特点:

(1) 同一检测对象,需要综合运用多种无损检测方法。例如:空心无余量涡轮叶片需要采用液体渗透检测技术检出表面缺陷,采用射线照相检测检验内部缺陷,采用超声检测和/或计算机层析成像检测技术测量壁厚,研究激光打孔、表面涂镀层质量检测技术。

(2) 无损检测灵敏度要求高,检测难度大。航空产品质量要求高,对无损检测灵敏度普遍要求高,对关键件检测灵敏度要求尤其高,因而无损检测的难度大。例如,厚150mm的发动机粉末涡轮盘全深度范围内,要求可检测出小于 $\phi 0.4 \text{mm} - 12 \text{dB}$ 平底孔当量的缺陷。

(3) 无损检测应用无处不在,无损检测管理不断加强。在航空工业中,无损检测应用贯穿于设计、制造、使用的全过程。设计阶段,设计单位考虑无损检测的实际能力,在保证结构设计要求与无损检测的灵敏度、分辨率和可靠性相一致的基础上,在零件图样和有关文件上标注零件类别、允许缺陷类型和尺寸、关键部位、无损检测方法和规范、验收标准、使用修理中需用无损检测的项目、原位无损检测的项目等;制造阶段,制造单位按设计要求,对原材料、半成品、产品实施检测;使用阶段,使用部门利用无损检测手段对零部件进行检查和监控。为此,相关航空院、厂、所均建立了相应的无损检测机构。

为加强全行业无损检测的管理工作,确保航空产品质量,满足用户要求,以适应航空工业科研生产发展的需要,中国航空工业总公司于1994年11月,在成都召开了首次无损检测工作会议。会议的主要任务:总结和交流航空工业无损检测工作的经验;分析无损检测工作面临的形势和存在的问题,明确主要任务;研究加强无损检测工作的措施,努力提高无损检测技术水平和工作水平,以适应全行业科研生产的需要,推动无损检测工作尽快发展,为航空工业"腾飞"作出新的贡献。1995年初,发布了《中国航空工业总公司关于加强无损检测工作的决定》。其要点是加强领导,理顺关系,落实责任制;提高认识,强化全过程管理;提高认识,稳定队伍,加强人员培训和考核;依靠科技进步,大力加强无损检测技术研究;加强无损检测标准的制订、修订和贯彻实施工作;加强无损检测计量工作,建立健全无损检测校准系统;加强设备更新改造,增强无损检测物质技术基础。

(4) 无损检测质量控制严谨,检测方法标准及质量管理标准配套。

1980年,航空工业建立了航空无损检测人员资格鉴定委员会,并于1986年起逐步实现全行业无损检测人员的持证上岗。

1981年,在借鉴欧美先进标准的基础上,结合国内航空工业无损检测应用的经验,制定了射线、超声、磁粉、渗透等主要检测方法的航空行业标准。至1994年,形成了航空工业所需检测方法和质控方法标准的系列化,包括国家标准4份、国家军用标准9份、机械工业标准3份、航空行业标准29份,以及部分企业标准。

1985—1990年,完成了射线、超声、磁粉、渗透、涡流五种常用无损检测方法的设备、器材校准与评价课题,形成了相应标准;1995年,中国航空工业总公司发布《关于成立中国航空工业总公司无损检测校准实验室的决定》,成立了航空工业无损检测校准实验室,为航空领域提供了无损检测器材的特殊校准服务。

(5) 需要根据实际需求,持续开展无损检测新方法、新技术的研究与应用。

① 针对航空产品材料、工艺、结构特点,重视为先进材料、先进工艺和新型结构研究新的无损检测技术、设备、方法和标准。例如:

——(材料)变形钛合金:材料组织引起的超声波散射严重,杂波高,由于氧或氮污染而脆化了的、极具危险性的硬 α 夹杂,超声反射率很低。常规超声技术解决不了,需要研究应用分区聚焦技术或相控阵超声技术,以提高信噪比,解决小缺陷检测问题。

——(工艺)粉末冶金制件:对缺陷敏感,微小缺陷即可对疲劳性能产生影响。需要重点研究应用微小夹杂物检测——超声水浸聚焦C扫描技术和微孔隙检测——超声声速测量技术。

——(结构)多层薄壁复杂整体形腔结构(如钛合金中介机匣):部分部位五种常规方法解决不了,需要研究应用工业CT技术、内窥镜辅助渗透检测技术。

② 以满足型号产品的要求为目标,强调无损检测方法的实用性,相对独立地开展研究与应用,为型号批量生产提供无损检测方法、标准,研究检测设备、元件,开展计量校准工作。例如:××发动机、××工程雷达罩、××飞机无损检测技术研究与应用。

③ 针对产品损伤容限设计,研究无损检测可靠性评估方法,建立可靠性评估系统,从而提供损伤容限结构寿命计算的前提(以决定初始缺陷/裂纹尺寸)和制定服役寿命期内结构检测/维修大纲的依据。

④ 针对产品应用,开展原位检测新技术研究与应用。例如:红外热像检测、激光散斑干涉检测。

# 复 习 题

1. 简述无损检测的定义与内涵。
2. 名词解释：

（1）无损检测。

（2）显示；相关显示、非相关显示、伪显示。

（3）不连续；缺陷、超标缺陷。

（4）解释；评定。

3. 正确地执行无损检测任务所必须满足的基本要求是(　　)。

    A. 检测方法适宜、检测技术正确、检测时机适当、检测作业质量控制严格。

    B. 标定误差、精度要求、数据处理和环境条件。

    C. 对无损检测进行全面、全员、全过程的质量控制。

    D. 预知缺陷的类型和部位；了解被检对象的尺寸、形状和材质。

4. 航空工业中最普遍采用的无损检测方法是(　　)。

    A. PT、MT、RT、UT、ET。

    B. PT、MT、RT、UT、AE。

    C. PT、MT、CT、UT、ET。

    D. PT、MT、RT、UT、IR。

5. 下列说法不正确的是(　　)。

    A. 无损检测的本质特征是不损害被检对象的未来用途和功能。

    B. 缺陷检测是无损检测最重要的任务。

    C. 射线照相检测和超声检测主要用于检测内部缺陷。

    D. 液体渗透检测、磁粉检测和涡流检测只能检测表面和近表面缺陷。

6. 下列说法不正确的是(　　)。

    A. 飞机结构包括五个主要部分：机翼、机身、尾翼、起落装置和导航装置。

    B. 航空发动机都具有压气机、燃烧室和燃气涡轮。

    C. 现代飞机要求高性能、高质量、高寿命、高可靠性和高安全性。

    D. 涡轮盘和涡轮叶片通常是用高温合金制作的。

7. 下列关于飞机制件结构特点的描述，不正确的是(　　)。

    A. 涉及的结构类型相当广泛。

    B. 涉及的结构相当复杂。

C. 大量采用胶接结构。

D. 以上都不对。

8. 下列关于无损检测在航空产品全过程质量控制中的作用的描述,不正确的是(  )。

   A. 设计阶段:用于支持损伤容限设计。

   B. 制造阶段:用于剔除不合格的原材料、坯料及工序不合格品;改进制造工艺;鉴定产品对验收标准的符合性,判定合格与否。

   C. 在役检测中:用于监测产品结构和状态的变化,确保产品运行的安全可靠。

   D. 以上都不对。

# 第二章 常规无损检测方法的基本原理、应用范围与局限性

## 2.1 涡流检测

涡流检测(Eddy Current Testing,ET)是基于电磁感应原理,获取导电材料表面和近表面质量信息的无损检测方法。

如图2-1所示,当载有交变电流的检测线圈接近被检件时,材料表面和近表面会感应出涡流,其大小、相位和流动轨迹与被检件的电磁特性和缺陷等有关;涡流产生的磁场作用会使线圈阻抗发生变化,测定线圈阻抗即可获得被检件物理、结构和冶金状态的信息。

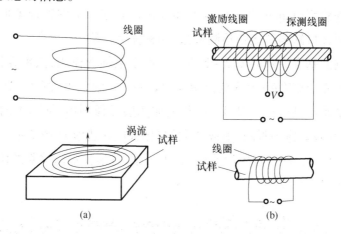

图2-1 涡流检测原理示意图

(a)放置线圈法;(b)穿过线圈法。

涡流探伤(Eddy-Current Inspection)、涡流检验(Eddy-Current Examination)可认为是涡流检测的同义词。

涡流检测的主要应用包括三个方面:①缺陷检测是其最重要的方面,白点、折叠、裂纹、结疤、凹坑、气孔、夹杂等缺陷均可通过涡流检测发现。②材质检验,利用电导率的差异实现非磁性材料的混料分选;根据电导率评估某些导电材料的成分、硬度、热处理状态。③涡流测厚,利用涡流的集肤效应,可测量导电材料薄板

的厚度;利用涡流的提离效应,可测量非铁磁性导电材料基体上非导电覆盖层厚度。

由于涡流检测有多种敏感反应,一方面应用范围广,另一方面对检测结果的干扰因素多。因此,涡流检测仪器一般都根据不同的检测目的,采用不同的方法抑制干扰信息,提取有用信息,制成不同类型的专用仪器,例如用于测量电导率的涡流电导仪、用于缺陷检测的涡流探伤仪和用于膜层厚度测量的涡流测厚仪。

涡流检测的主要优点:可非接触,检测速度快;特别适合管、棒材的自动化检测。主要限制是:只能检测导电材料;只能检测表面和近表面缺陷。

涡流检测在航空制造工程中的应用涵盖三个方面:缺陷检测;材质检验(电导率测量);膜层厚度测量。

## 2.2 液体渗透检测

液体渗透检测(Liquid Penetrant Testing,PT)是基于毛细管现象揭示非多孔性固体材料表面开口缺陷的无损检测方法,简称渗透检测。

渗透检测的基本原理如图2-2所示。由于毛细管作用,涂覆在洁净、干燥零件表面上的荧光(或着色)渗透剂会渗入到表面开口缺陷中(图2-2(a));去除零件表面的多余渗透剂(图2-2(b)),并施加薄层显像剂后,缺陷中的渗透剂回渗到零件表面,并被显像剂吸附,形成放大的缺陷显示(迹痕)(图2-2(c));在黑光(荧光渗透检测)或白光(着色渗透检测)下观察,迹痕指示出缺陷的位置、大小、形状和严重程度(图2-2(d))。

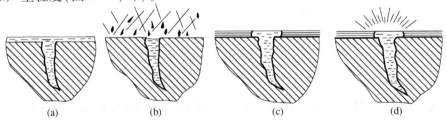

图 2-2 渗透检测的基本原理示意图

(a)渗透;(b)去除;(c)显像;(d)检测。

渗透前应进行预清洗;检测后应进行后清洗。

渗透探伤(Liquid Penetrant Inspection)、渗透检验(Liquid Penetrant Examination)可认为是渗透检测的同义词。

有两类渗透检测方法:荧光渗透检测和着色渗透检测。航空工业中,主要应用荧光渗透检测;着色渗透剂由于材料和罐装技术的改进,在航空工业也得到一定的应用,主要用于飞机装配现场和在役飞机的局部检查。

渗透检测被广泛用于铁磁性和非铁磁性锻件、铸件、焊接件、机加工件、粉末冶金件、陶瓷、塑料和玻璃制品的检测。可发现的主要缺陷有开口于表面的裂纹、折叠、冷隔、疏松等。图2-3为渗透检测实例。

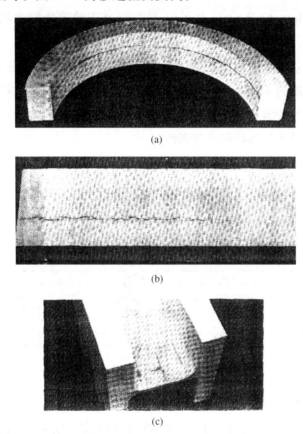

图 2-3 渗透检测缺陷显示示例
(a) 分层;(b) 焊接裂纹;(c) 铝锻件裂纹。

渗透检测的主要优点:缺陷显示直观;灵敏度高(理想情况下,可检出开口 $1\mu m$、深度 $10\mu m$ 的人工裂纹);一次操作可检测多个零件,可检测多方位的缺陷;使用和控制方面都相对简单。渗透检测的主要限制:它只能检出表面开口缺陷;一般只能检测非多孔性材料;对零件和环境有污染;粗糙表面和孔隙会产生附加背景,从而对检测结果的识别产生干扰。

航空工业中,主要应用荧光渗透检测检查铝合金、镁合金、钛合金、铜合金、奥氏体不锈钢、耐热合金等非铁磁性材料制造的各种铸件、锻件,机加工件和焊接件。对于某些因几何形状、尺寸不适合进行磁粉检测的铁磁性材料制件,也可采用渗透检测。

## 2.3 磁粉检测

磁粉检测(Magnetic Particle Testing,MT)是基于缺陷处漏磁场对磁粉的吸附作用而显示铁磁性材料表面和近表面缺陷的无损检测方法。

磁粉检测的基本原理如图2-4所示,当被检材料或零件被磁化时,表面或近表面缺陷处由于磁的不连续而产生漏磁场;漏磁场的存在,亦即缺陷的存在,借助漏磁场处聚集和保持施加于工件表面的磁粉形成的显示(磁痕)而被检出;磁痕指示出缺陷的位置、尺寸、形状和严重程度。

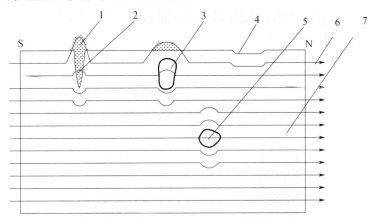

图2-4 磁粉检测的基本原理示意图

1—漏磁场;2—裂纹;3—近表面气孔;4—划伤;5—内部气孔;6—磁力线;7—工件。

磁粉探伤(Magnetic Particle Inspection)、磁粉检验(Magnetic Particle Examination)可认为是磁粉检测的同义词。

施加于工件表面的磁粉可以是干磁粉,也可以是置于载液(例如水载液、油基载液和乙醇载液)中的湿磁粉。航空工业主要采用油基载液湿磁粉。

为了使磁粉图像便于观察,可以采用与被检件表面有较大反差颜色的磁粉。常用的磁粉有黑色、红色和白色。为了提高灵敏度,还可以使用荧光磁粉,在紫外线照射下更容易观察到工件中缺陷的存在。航空工业主要采用荧光磁粉。

根据磁化工件与施加磁粉、磁悬液的相对时机,将磁粉检测方法分为连续法和剩磁法。航空零件应尽可能采用连续法。

磁粉检测可发现的主要缺陷有各种裂纹、夹杂(含发纹)、夹渣、折叠、白点、分层、气孔、未焊透、疏松、冷隔等。图2-5为检测实例。

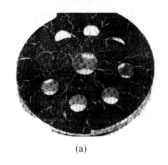
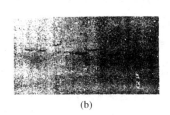

图2-5 磁粉检测实例
(a)热处理缺陷；(b)近表面缺陷。

磁粉检测的优点：能直观地显示出缺陷的位置、大小、形状和严重程度，并可大致确定缺陷的性质；具有很高的检测灵敏度，能检测出尺寸很小，间隙极窄的缺陷(如长0.1mm、宽为微米级的裂纹；疲劳裂纹、焊接裂纹、发纹等)；综合使用多种磁化方法，几乎不受工件大小和几何形状的影响，能检测出工件各方向的缺陷(如磨削裂纹)；单个工件检测速度快，工艺简单，成本低，污染轻。

磁粉检测的主要限制：只能检测铁磁性材料；只能检测工件表面和近表面缺陷；通电法和触头法磁化时，易产生打火烧伤；不适用于检测工件表面浅而宽的划伤、针孔状缺陷、埋藏较深的内部缺陷和延伸方向与磁力线方向夹角小于20°的缺陷。

航空工业中，主要用于铁磁性材料铸件、锻件和焊接件的检验。

## 2.4 射线照相检测

射线照相检测(Radiographic Testing,RT)是基于材料对透入射线(无论是波长很短的电磁辐射还是粒子辐射)的不同衰减获取被检对象缺陷图像或结构完整性信息的无损检测方法。

射线照相检测原理如图2-6所示，由于零件各部分密度差异和厚度变化，或者由于成分改变导致对射线的吸收和散射的作用不同而衰减不同量的透入射线；这些透入射线衰减量的变化，可以通过专用记录介质记录透射线强度，形成黑度不同的影像来鉴别；根据记录介质上的影像，可以判断缺陷的性质、形状、大小和分布。

专用射线照相胶片是最常用的记录介质。与日常生活中的照相类似,胶片处理后,底片上接收射线较多的区域比其他区域更黑。大多数缺陷显著减小工件局部厚度,因此在此点上有更多的射线穿过,底片上相应位置的黑度 D 更大(缺陷影像比工件其他部分黑,见图 2-6、图 2-7)。然而,另一些缺陷(高密度夹杂,例如熔焊焊缝中的钨夹杂)能比基体材料衰减更多的射线,底片相应部位接收的射线较少而产生较亮的图像。平面型缺陷(例如,裂纹和未焊透)没有任何明显的厚度差异,除非缺陷平面与射线束接近平行,否则因为它们厚度很小,对于衰减射线总量的影响很小,所以这类缺陷很难检测到。

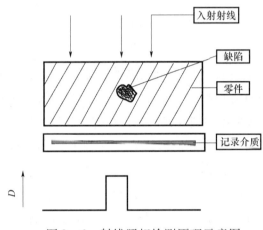

图 2-6 射线照相检测原理示意图

射线照相探伤(Radiographic Inspection)、射线照相检验(Radiographic Examination)可认为是射线照相检测的同义词。

工业应用的射线照相检测技术有三种:X 射线照相检测、γ 射线照相检测和中子射线照相检测。其中使用最广泛的是 X 射线照相检测,主要设备是 X 射线探伤机,其核心部件是 X 射线管,常用管电压不超过 450kV,对应可检钢件的最大厚度约 70~80mm;当采用加速器作为射线源时,可获得数十 MeV 的高能 X 射线,可检测厚度 500~600mm 的钢件。

X 射线照相检测可发现的主要缺陷是体积型缺陷,如气孔、疏松、夹杂等,也可检测裂纹。

X 射线照相检测的主要优点是可检测工件内部的缺陷,结果直观;检测对象基本不受零件材料、形状、外廓尺寸的限制;缺陷定性比较容易,定量、定位比较方便;检测工艺与检测工作质量可以自我监测。主要不足是三维物体二维成像,前后缺陷重叠;被检裂纹取向与射线束夹角不宜超过 10°,否则将很难检出。应用中必须按照国家和地方的有关标准、法规作好辐射防护工作。

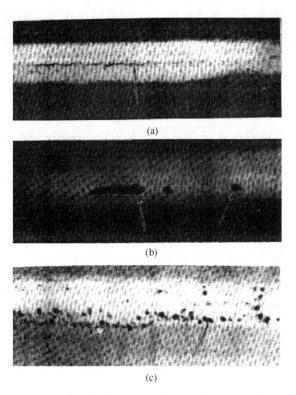

图 2-7 射线照相检测实例
(a) 纵向裂纹;(b) 拉长的孔洞;(c) 孔隙。

在航空制造工程中,X 射线照相检测主要用于铸件、焊接件的内部缺陷检测及锻件的高密度夹杂物检测,也可用于复合材料、蜂窝结构、塑料制件、电子元器件的内部质量检测,以及零部件内部结构和部件内部多余物检测。一般不采用 γ 射线和中子射线检测。

## 2.5 超声检测

超声检测(Ultrasonic Testing,UT)是基于超声波在介质中传播时产生衰减,遇到界面产生反射的性质,获取被检对象质量信息的无损检测方法。

如图 2-8 所示,把声源产生的脉冲波(常用频率为 0.5~25MHz)引入被检测的试件后,若材料是均质的,则声波沿一定的方向,以恒定的速度向前传播。

随着距离的增加,声波的强度由于声束扩散和材料内部的散射和吸收所致的衰减而逐渐减小。当遇到两侧声特性阻抗 $z$($z$ 定义为介质密度 $\rho$ 与声速 $c$ 的积)有差异的界面时,则部分声能被反射。这种界面可能是材料中某种缺陷(如本例中的缺陷),也可能是试件的外表面与空气或水的界面(如本例中的试件底面)。

当工件完好时,荧光屏上只有始波(始脉冲)和底波显示(见图 2-8(a))。当工件中有小于声束截面的小缺陷时,在始波和底波之间有缺陷波显示,缺陷波的高度取决于缺陷的性质及其对超声束的反射面积;当有缺陷波存在,底波高度下降(见图 2-8(b))。当工件中有大于声束截面的裂纹类大缺陷存在时,全部声能被缺陷所反射,荧光屏上只有始波和缺陷波,底波消失(见图 2-8(c))。

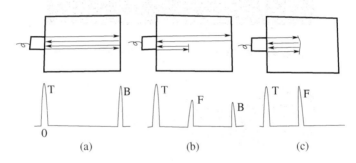

图 2-8 脉冲反射法检测原理与波型示意图
(a)无缺陷;(b)有小缺陷;(c)有裂纹类大缺陷。
图例 T—始波;F—缺陷波;B—底波。

通过探测和分析反射脉冲信号的幅度、位置等信息,可以确定缺陷的存在,评估其大小、位置。通过测量入射声波和接收声波之间声传播的时间可以得知反射点距入射点的距离。

超声波反射的程度主要取决于形成界面材料的物理状态,而较少取决于材料具体的物理性能。例如,在金属/气体界面,超声波几乎产生全反射;在金属/液体和金属/固体界面,超声波产生部分反射。产生反射界面的裂纹、分层、缩孔、脱粘和其他缺陷易于被检出;夹杂和其他不均匀性由于产生部分反射和散射或产生某种其他可检效应,也能够被检出。具体检测方法主要有脉冲回波法(脉冲反射法)和超声穿透法,其中以脉冲回波法应用最广。

超声探伤(Ultrasonic Inspection)、超声检验(Ultrasonic Examination)可认为是超声检测的同义词。

基本的缺陷显示方式有三种：显示缺陷深度和缺陷反射信号幅度的 A 型显示（A 扫描）、显示缺陷深度及其在纵截面上分布状态的 B 型显示（B 扫描）以及显示缺陷在平面视图上分布的 C 型显示（C 扫描）（见图 2-9）。

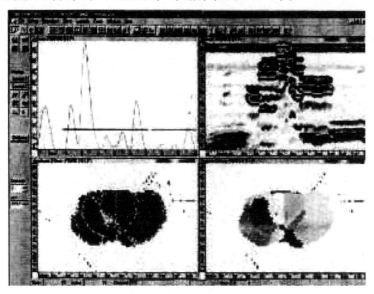

图 2-9　碳纤维结构分层的几种显示方法
A 显示（左上）、B 显示（右上）和 C 显示（下）

超声检测的主要优点：灵敏度高，可检测材料内部尺寸很小的缺陷，且可进行整个试件体积的扫查；可较准确地测定缺陷的深度位置；对大多数超声技术的应用，仅需从一侧接近试件；设备轻便，对人体及环境无害，可作现场检测。超声检测的主要局限性：由于纵波脉冲反射法存在的盲区，以及缺陷取向对检测灵敏度的影响，对位于表面和非常近表面的延伸方向平行于表面的缺陷常常难于检测；试件形状的复杂性，如小尺寸、不规则形状、粗糙表面、小曲率半径等，对超声检测的可实施性有较大影响；材料的某些内部结构，如晶粒度、非均匀性、非致密性等，会使小缺陷的检测灵敏度和信噪比变差；对材料及制件中的缺陷作定性、定量表征，需要检验者较丰富的经验，且常常是不准确的；以常用的压电换能器为声源时，一般需要有耦合剂。

航空工业中的应用对象包括航空发动机零件——涡轮部分、压气机部分的各种锻件、精铸件、粉末冶金件、焊接件；飞机机体零部件——机身框架型材、整体壁板、锻件、蜂窝结构件、各种胶接件、扩散连接件、复合材料构件等。

# 复 习 题

1. 名词解释：

   （1）涡流检测。

   （2）液体渗透检测。

   （3）磁粉检测。

   （4）射线照相检测。

   （5）超声检测。

2. 简述涡流检测的基本原理、可检测的主要缺陷、优点与局限性、在航空制造工程中的应用。

3. 简述液体渗透检测的基本原理、可检测的主要缺陷、优点与局限性、在航空制造工程中的应用。

4. 简述磁粉检测的基本原理、可检测的主要缺陷、优点与局限性、在航空制造工程中的应用。

5. 简述射线照相检测的基本原理、可检测的主要缺陷、优点与局限性、在航空制造工程中的应用。

6. 简述超声检测的基本原理、可检测的主要缺陷、优点与局限性、在航空制造工程中的应用。

7. 下列关于缺陷检测的说法，不正确的是（    ）。

   A. 白点、折叠、裂纹、结疤、凹坑、气孔、夹杂等缺陷均可通过涡流检测发现。

   B. 渗透检测可发现的主要缺陷有开口于表面的裂纹、折叠、冷隔、疏松等。

   C. 磁粉检测可发现的缺陷有各种裂纹、夹杂（含发纹）、夹渣、折叠、白点、分层、气孔、未焊透、疏松、冷隔、划伤、针孔状缺陷等。

   D. X射线照相检测可发现的主要缺陷是体积型缺陷，如气孔、疏松、夹杂等；也可检测裂纹。

8. 下列关于无损检测方法在航空工业中应用的说法，不正确的是（    ）。

   A. 荧光渗透检测主要检查非铁磁性材料制造的各种铸件、锻件，机加工件和焊接件；磁粉检测主要用于铁磁性材料铸件、锻件和焊接件的检验。

B. 涡流检测的应用涵盖三个方面：缺陷检测；材质检验（电导率测量）；膜层厚度测量。
C. X 射线照相检测主要用于铸件、焊接件的内部缺陷检测及锻件的高密度夹杂物检测，也可用于复合材料、蜂窝结构、塑料制件、电子元器件的内部质量检测。
D. 超声检测主要检测各种锻件、精铸件、粉末冶金件、焊接件；蜂窝结构件、胶接件、扩散连接件、复合材料构件等不适用。

9. 下列关于无损检测方法适用性的说法，正确的是(　　)。
   A. 液体渗透检测主要用于检测表面和近表面缺陷。
   B. 射线照相检测和超声检测主要用于检测内部缺陷。
   C. 涡流检测可用于金属和非金属材料的表面和近表面缺陷检测。
   D. 磁粉检测可用于金属材料的表面和近表面缺陷检测。

# 第三章 航空无损检测质量控制要求

## 3.1 一 般 要 求

### 3.1.1 检测资源

无损检测机构应：

（1）按有关规定的要求配备检测人员；

（2）配置必要的仪器（设备）；

（3）配置必要的检测用品（材料）；

（4）配置必要的场地并满足必要的环境要求；

（5）建立相关的企业标准、规章制度，编制无损检测规程及工艺卡。

### 3.1.2 质量管理

**1. 体系与职责**

（1）无损检测机构应建立质量管理体系，并满足 GJB 9001《质量管理体系要求》的相关要求，确保无损检测过程处于受控状态。

（2）应明确无损检测机构职责与权限，行使相应的管理职能，以保证无损检测质量。

（3）应确保无损检测机构与检测人员能独立行使职权。

**2. 审核与监督**

（1）无损检测机构应建立无损检测内部审核制度，适时审核本单位无损检测工艺、检测质量及工艺纪律等，对发现的问题应采取必要的纠正及预防措施。

（2）无损检测机构应建立无损检测人员技术档案，加强对无损检测人员的考核与管理。

（3）无损检测工作应接受有关部门的监督。

（4）无损检测工作应接受顾客代表（如驻厂军方代表）的监督。

### 3.1.3 无损检测工艺流程

无损检测工艺流程宜按图 1-1 实施。

## 3.2 详 细 要 求

### 3.2.1 检测任务接收

**1. 检测任务提出**

（1）检测任务提出时，应以技术文件形式（如图纸、专用技术条件、技术通知单等）明确检测要求。以口头、白纸等其他形式提出或更改检测要求的，均不能作为正式依据。

（2）无损检测任务提出应包括下述内容：产品代号、零、部（组）件名称及图号；结构与尺寸；工艺、材料与状态；无损检测方法；检测部位、检测比例；检测时机；验收技术条件或验收等级；注意事项；其他。

**2. 检测任务确认**

（1）顾客的检测要求，应提交无损检测机构进行工艺审查与确定（会签或签订合同）。

（2）无损检测工艺审查内容包括检测要求的合理性；检测的可达性；无损检测方法选用的科学性；无损检测工序设置在工艺路线中的合理位置；提出无损检测对产品工艺状态的要求；提出无损检测对工艺条件的要求（仪器设备、工装需求等）；对当前暂时无法实施的检测项目，应提出课题研制要求。

（3）因结构等原因，某些检测只能局部满足设计或相关标准（包括检测灵敏度）要求，而又只能采用这种检测时，宜由无损检测机构与顾客协调，作为特例处理，在技术文件中明确。

（4）无损检测工艺审查应由具有Ⅲ级技术资格证书或具有Ⅱ级技术资格证书且同时具有高级技术职称的人员承担。

**3. 送检件接受**

（1）除特殊情况外，送检件应属前面工序的合格品。

（2）送检件的工艺状态应满足无损检测的要求，其表面状态等应不影响检测与评定，否则应做适当的修整或处理。

（3）对送检件应进行清点和必要的检查，发现问题应及时处理。

（4）送检件交接应办理相关手续。

## *3.2.2 检测作业质量控制

无损检测作业应控制的要素主要有检测人员、检测仪器设备、检测用品（材料）、检测标准与文件、检测操作、检测环境，即通常所说的"人、机、料、法、测、环"六大要素。

**1. 检测人员**

在"人、机、料、法、测、环"六大要素中，人是决定工作质量诸要素中的首要因素。这是因为，对无损检测应用的正确性和有效性在很大程度上取决于检测执行人的能力或是对检测负有责任的人的能力。

对能力的确认是通过人员资格鉴定与认证来保证的。资格鉴定是指对正确执行无损检测任务的人员所需知识、技能、培训和实践经历所作的验证；认证则是对某人能胜任某一级别无损检测方法的资格作出书面证明的程序。

无损检测人员的认证级别通常分为Ⅰ级（初级）、Ⅱ级（中级）和Ⅲ级（高级）共三个级别。航空无损检测人员的基本认证级别为四个级别：有限Ⅰ级、Ⅰ级、Ⅱ级和Ⅲ级。

检测人员要素的主要控制点有：

（1）无损检测人员应按有关规定，取得相应的技术资格证书。

（2）无损检测人员应在技术资格证书有效期内，从事与其所取得的技术资格证书的项目与级别相适应的工作。

（3）无损检测人员应遵守工艺纪律，严格执行标准和无损检测规程及工艺卡，严格控制检测质量。

（4）无损检测实行质量责任制，各级无损检测人员应分工明确，并对本人所承担的无损检测工作质量负责。

（5）无损检测人员应坚持独立性及实事求是的工作原则，不得接受有关部门或个人违反有关规定的干预。

**2. 检测仪器（设备）**

无损检测仪器设备的可靠性对确保无损检测的质量特别重要，必须严加控制。检测仪器设备要素的主要控制点有：

（1）无损检测仪器（设备）应满足检测要求。

（2）无损检测仪器（设备）应由相关单位归口管理，合理确定校验方式与校验周期并适时进行校验。

（3）无损检测用计量器具，应按计量规定定期检定，并具有相关的标识。

(4) 无损检测仪器(设备)宜定专人保管及维护。

(5) 无损检测宜采用规范化设计与制造的专用检测工装,以保证检测工装的功能满足无损检测的要求。

**3. 检测用品(材料)**

对于检测用品(材料),在无损检测,特别是高要求的无损检测中,其性能的优劣十分重要,必须予以保证。检测用品(材料)要素的主要控制点有:

(1) 无损检测用品(材料)应满足检测要求。

(2) 无损检测用品(材料),宜由无损检测相关机构制定合格产品目录和优选产品目录,做到定点供应。亦可通过直接对供应厂商进行质保体系考核,建立合格的供应厂商目录。

(3) 无损检测用品(材料)入厂时按要求进行复验,并按有关规定定期或适时进行复验。

(4) 无损检测用品(材料)应在有效期内使用;对于具有时效性的无损检测用品(材料),应适时进行有效性测试。

(5) 在选用无损检测用品(材料)时,应考虑检测用品(材料)与被检测产品使用时所涉及的相关物质之间的相容性。

(6) 无损检测标准样品应按规定进行校验;宜建档并应定置管理,妥善保管。

(7) 对存在污染的废液等,应采取必要措施,进行妥善处理。

**4. 检测标准与文件**

检测标准与文件是实施无损检测的依据,主要控制点有:

1) 标准的选用

(1) 当推荐性标准纳入技术文件后,应按强制性要求执行。

(2) 当选用的标准修订后,应及时修订相应的企业标准。

2) 企业标准的编制

(1) 无损检测机构可根据需求,编制相应的企业标准。

(2) 企业标准的编制应注意:①国家标准及国家军用标准的相关要求;②检测方法的细化;③检测参数可分为两类:关键性参数,必须记录(对必须记录的参数,应在标准中明确);一般性参数,可不做记录;④保证标准的正确性、先进性、实用性和可验证性;⑤确保技术文件的更改与现行修订状态能够识别。

3) 无损检测方法的选择

(1) 无损检测方法的选择宜考虑:顾客对检测的要求;材料特性;结构与尺寸;产品工艺状态;常见缺陷与特殊缺陷状态;检测方法的特点;相关无损检测标

准的规定;无损检测方法的实际检测能力;操作的便捷性;经济性;安全防护特点;其他因素。

(2)无损检测方法的选择宜注意:检测同一产品,如有必要可选用两种或两种以上的无损检测方法;一般无损检测要求可直接选定检测方法,暂时无法实施的检测项目,宜通过立题研究确定合适的检测方法;新研制的检测仪器、新开发的检测方法,应经过充分试验与验证并经专业评审通过后方准正式使用。

4)检测时机的确定

检测时机的确定宜注意:

(1)不同工序形成的缺陷宜分开检测,如焊接与焊后热处理对质量的影响,分别检测;

(2)在结构状态容易实施无损检测时检测,如超声检测,应选择结构状态比较规整时检测;渗透检测,须在表面开口缺陷被掩盖之前(涂层、电镀等之前)与表面缺陷暴露出来之后(浸蚀等之后)检测;

(3)在缺陷充分发展后检测,如存在延迟断裂的,宜在延迟断裂充分发展后检测。

5)无损检测规程及工艺卡的编制

(1)无损检测应编制无损检测规程及工艺卡。

(2)无损检测规程及工艺卡应将相关技术文件要求纳入,并细化。

(3)无损检测规程及工艺卡编制人员(包括校对人员)与审核人员的资格应满足有关规定的要求。

(4)无损检测规程内容宜包括:检测规程的编号;范围;引用文件;人员资格要求;仪器设备和材料要求;校验和验证要求;制件检测前的准备要求;检测顺序要求;结果解释与评定要求;标记(标识)要求;报告和其他文件要求;对无损检测工艺卡的要求;检测后处理要求;其他事项。

(5)无损检测工艺卡内容宜包括:检测零(部)件标识;零(部)件示意图;要求检测的部位;仪器设备;用品材料;仪器(系统)设置;检测过程;检测参数;验收标准;零(部)件预处理、后处理要求;其他事项。

6)无损检测规程及工艺卡的管理

(1)无损检测规程及工艺卡应纳入工艺文件管理系统严格管理。

(2)无损检测规程及工艺卡的更改应按有关规定的程序进行,未按程序进行的更改无效。

**5．检测环境**

检测环境要素的主要控制点有：

（1）检测环境及相关条件应能满足有关标准及检测要求。

（2）检测现场的房屋结构、面积、屏蔽、吊车、排风、供水、供电、供气等，应满足有关标准及检测要求。

（3）检测现场的温度、湿度、清洁度、光照度等，应满足有关标准及检测要求。

（4）检测现场的电源，其容量、电压、电流、频率、稳定性等应满足检测要求。

（5）检测环境应不存在影响检测准确性的电磁、噪声、振动、强光等干扰。

**6．检测操作**

检测操作要素的主要控制点如下：

1）检测操作要求

（1）检测操作前，检测人员应熟悉检测方法标准、相关技术文件、仪器（设备）、用品（材料）及产品状态。

（2）无损检测前，应做好检测的预处理工作。

（3）检测人员应严格按无损检测规程及工艺卡进行操作。

（4）在检测中发现异常现象时，如检测系统异常、检测环境发生异常变化等，应立即停止检测操作，报告有关部门处理。

（5）以单人手工为主的检测，批次检测后宜抽取一定数量的产品由他人进行复验。

2）关键过程控制

（1）对检测结果起决定性作用的关键过程应实施严格的监视与控制。

（2）无损检测关键过程宜采取双岗制。

（3）应按有关规定对检测系统进行标定。当检测灵敏度存在疑义或必要时，应重新标定检测灵敏度。检测灵敏度没有达到要求的检测，应视为无效检测，检测应重新进行。

（4）对需要借助标准样品确定检测灵敏度的，应保证产品和标准样品的检测条件及检测参数的一致性。

3）现场管理

（1）检测现场应存放现行有效的工艺文件，作废的工艺文件须及时收回。

（2）检测现场不应存放不合格的或过期的检测用品（材料）。

（3）检测现场，已检测的合格品、不合格品、待检测品或已检测部位、待检测部位，应有明显的标识，严格区分。

（4）无损检测后,应作好检测的后处理工作。

4）技安保证

（1）无损检测人员应遵守安全作业规程,确保安全生产,防止人身、设备、产品、电气、辐射等事故发生。

（2）无损检测用易燃易爆品及放射源应按有关规定保存与使用。

## ＊3.2.3 原始记录

（1）无损检测应建立一套完整的检测记录方式。

（2）无损检测原始记录宜包括:检测编号;产品代号、零、部(组)件名称及图号;材料、结构及尺寸;检测依据的技术文件;检测仪器(设备);检测用品(材料);检测标识与顺序号;检测参数及检测灵敏度;检测结果;检测人员签字、检测日期;其他。

（3）无损检测原始记录填写,应书写工整,内容正确、完整,签署齐全。

## ＊3.2.4 检测结果解释与评定

**1. 检测结果解释**

无损检测人员应对检测结果作出解释,确定是相关显示、非相关显示或伪显示。

**2. 检测结果评定**

（1）无损检测人员应按验收技术条件对相关显示进行正确评定,作出合格与否的结论。

（2顾客对检测结果发生疑义时,可采用双方共同分析、自查或提请第三方检测等方式解决。

**3. 反馈**

（1）对有疑问的信息,应反馈有关人员,通过相关的工作,如对比或验证等,需要时应重新检测或通过其他检测方法验证。

（2）对发现的检测工艺的有关问题,应反馈给相关人员,进行相应的改进。

## ＊3.2.5 检测报告

（1）无损检测报告内容宜包括:报告编号;委托机构;产品情况;检测条件;检测结果;责任人员签章、报告日期;检测机构并加盖检测专用章;其他需要说明的问题。

(2) 无损检测报告推荐采用规范化(如模版化)格式填写。

(3) 打印的报告,发出的报告与留底报告应完全一致,不允许存在手工更改。

(4) 无损检测报告应书写工整,内容准确、真实。

## *3.2.6 被检件交接

(1) 被检件交接应办理相关手续。

(2) 应采取必要措施,防止不合格品非预期性的传递。

## *3.2.7 检测资料归档

(1) 无损检测原始记录、检测报告及技术文件等检测资料应按规定归档保存,具有可追溯性。

(2) 无损检测原始记录、检测报告及技术文件等检测资料保存时间应按有关规定执行。

# 复 习 题

1. 简述无损检测的工艺流程。
2. 说明下列无损检测作业质量控制要素的主要控制点:
(1) 检测人员;
(2) 检测仪器设备;
(3) 检测用品(材料);
(4) 检测标准与文件;
(5) 检测操作;
(6) 检测环境。
3. 下列关于无损检测要素控制点的说法,不正确的是(　　)。
   A. 无损检测人员应坚持独立性及实事求是的工作原则,并对本人所承担的无损检测工作质量负责。
   B. 无损检测规程及工艺卡的更改应按有关规定的程序进行,未按程序进行的更改无效。
   C. 检测现场应存放现行有效的工艺文件,作废的工艺文件须及时收回。
   D. 打印的报告,发出的报告与留底报告如有手工更改,更改内容应完全一致。

4. 下列关于无损检测要素控制点的说法,不正确的是(　　)。
   A. 无损检测人员应在技术资格证书有效期内,从事与其所取得的技术资格证书的项目与级别相适应的工作。
   B. 检测人员应严格按无损检测规程及工艺卡进行操作。
   C. 检测现场存放的合格检测用品,应与不合格的或过期的检测用品(材料)严格区分。
   D. 检测现场,已检测的合格品、不合格品、待检测品或已检测部位、待检测部位,应有明显的标识,严格区分。

# 第二篇 航空产品技术知识

基于原材料与制件是无损检测的对象,产品制造工艺不当是产生缺陷的主要原因,缺陷检测是无损检测最重要的任务这一基本事实,航空无损检测人员应当具备的航空产品技术知识宜包括航空工业无损检测技术应用所需的航空材料、航空产品制作工艺以及航空产品缺陷的基本知识。

对于Ⅱ级人员的基本要求:具有航空金属结构材料(结构钢与不锈钢、铝及铝合金、钛及钛合金、高温合金),以及主要结构复合材料(先进聚合物基复合材料)的基础知识;了解航空金属产品制造涉及的铸造、锻造、轧制,热处理、机械加工、表面防护,焊接、胶接,及聚合物基复合材料的成形与胶接的基本工艺;熟悉金属铸件、锻件、轧制件、熔焊接头常见缺陷。

# 第四章 航空材料

## 4.1 概 述

航空材料是可以用来制造航空构件、器件或物品的物质。

根据材料的组成与结构的特点,航空材料包括金属材料、有机高分子材料(聚合物)、无机非金属材料和复合材料四大类。

金属材料是以金属元素为基的材料。金属材料包括纯金属及其合金。合金是以某一金属元素为基,添加一种以上金属元素或非金属元素(视性能要求而定),经冶炼、加工而成的材料,如碳素钢、低合金钢和合金钢、高温合金、钛合金、铝合金、镁合金等。纯金属很少直接应用,因此金属材料绝大多数是以合金的形式出现。

高分子材料又称聚合物或高聚物。一类由一种或几种分子或分子团(结构单元或单体)以共价键结合成具有多个重复单体单元的大分子,其相对分子质量高达 $10^4 \sim 10^6$。它们可以是天然产物如纤维、蛋白质和天然橡胶等,也可以是用合成方法制得的,如合成橡胶、合成树脂、合成纤维等非生物高聚物。聚合物的特点是种类多、密度小(仅为钢铁的 1/7~1/8),比强度大,电绝缘性、耐腐蚀性好,加工容易,可满足多种特种用途的要求。高分子材料包括塑料、纤维、橡胶、涂料、粘合剂等领域,可部分取代金属、非金属材料。

无机非金属材料包括除金属材料、有机高分子材料以外的几乎所有材料。这些材料主要有陶器、瓷器、砖、瓦、玻璃、水泥、耐火材料以及氧化物陶瓷、非氧化物陶瓷、金属陶瓷、复合陶瓷等新型材料。无机非金属材料来源丰富、成本低廉、应用广泛。无机非金属材料具有许多优良的性能,如耐高温、高硬度、抗腐蚀,以及优良的介电、压电、光学、电磁性能及其功能转换特性等;主要缺点是抗拉强度低、韧性差。近年来,又出现了氧化物陶瓷、碳化物陶瓷、氮化物陶瓷等许多具有特殊性能的新型材料。无机非金属材料已成为多种结构、信息及功能材料的主要来源,如耐高温、抗腐蚀、耐磨损的氧化铝($Al_2O_3$)、氮化硅($Si_3N_4$)、碳化硅(SiC)、氧化锆增韧陶瓷;大量用作切削刀具的金属陶瓷;将电信息转变为光信息的铌酸锂和改性的锆钛酸铅;以及压电陶瓷和PTC陶瓷等。

复合材料是由两种或多种材料组成的多相材料。一般指由一种或多种起增强作用的材料(增强体)与一种起粘结作用的材料(基体)结合制成的具有较高强度的结构材料。增强体是指复合材料中借基体粘结,强度、模量远高于基体的组分。按形态有颗粒、纤维、片状和体型四类。目前在工业中采用的连续纤维增强体如玻璃纤维、碳纤维、石墨纤维、碳化硅纤维、硼纤维和高模量有机纤维等,主要作为复合材料的增强材料。基体是指复合材料中粘结增强体的组分。一般分为金属基体、聚合物基体和无机非金属基体三大类。金属基体包括纯金属及其合金;聚合物基体包括树脂、橡胶等;无机非金属基体包括玻璃、陶瓷等。基体对增强体应具有良好的粘结力和兼容性。基体和增强体之间的接触面称为"界面"。由于基体对增强体的粘结作用,使界面发生力的传播、裂纹的阻断、能量的吸收和散射等效应,从而使复合材料产生单一材料所不具备的某些优异性能,例如碳纤维环氧树脂复合材料的疲劳性能和断裂韧度都远优于碳纤维和环氧树脂。

按使用功能,航空材料又可分为结构材料和功能材料两大类。结构材料以力学性能为主,功能材料以物理、化学性能为主。

航空材料既是研制生产航空产品的物质保障,又是推动航空产品更新换代的技术基础。主要的航空结构材料包括结构钢与不锈钢、高温合金、轻金属材料(含铝及铝合金、钛及钛合金)、聚合物基复合材料等。

飞机机体的主要结构材料是结构钢、轻金属材料和复合材料。为了提高飞机的结构效率,降低飞机结构重量系数,高比强度和高比模量的轻质、高强、高模材料,正在获得越来越多的应用。随着飞机性能的提高,树脂基复合材料和钛合金用量增加,传统铝合金和钢材用量减少。战斗机以F-22为例,树脂基复合材料的用量已达到整机结构重量的24%,钛合金用量达到整机结构重量的41%;与此同时,铝合金用量下降为只占整机结构重量的15%,钢的用量下降为只占整机结构重量的5%。民机以B-777为例,树脂基复合材料的用量已占整机结构重量的11%,钛合金用量已占到整机结构重量的7%;与此同时,铝合金用量下降为占整机结构重量的70%,但仍是飞机机体结构的主要结构材料;钢的用量下降为只占整机结构重量的11%。

航空发动机的主要结构材料是不锈钢、高温合金和钛合金。在一台先进发动机上,高温合金和钛合金的用量分别要占到发动机总结构重量的55%~65%和

25%~40%,并对许多新型高温材料提出了更高的要求,如新型高温合金和高温钛合金、高温树脂基复合材料、金属间化合物及其复合材料、热障涂层材料、金属基复合材料、陶瓷基和碳/碳复合材料等。

机载设备中的关键材料主要是各种微电子、光电子、传感器等光、声、电、磁、热的高功能及多功能材料。

## 4.2 金属材料

### 4.2.1 金属材料的分类

工程上,金属材料的分类如表4-1所列。

表4-1 金属材料的分类

| 材料类别 | | 简要说明 | 备注 |
|---|---|---|---|
| 钢铁材料 | 纯铁 | 指含碳量小于0.02%的铁碳合金。产量极少,除供研究外,还用于电磁材料如电机铁芯等 | 1. 关于钢及其分类。GB/T 13304—91规定:钢是以铁为主要元素,含碳量一般在2%以下,并含有其他元素的材料。按钢中化学元素规定含量的界定值分别把经合金化的钢分为低合金钢和合金钢;未经合金化的钢称为非合金钢 |
| | 熟铁 | 含碳量不小于0.02%,但小于0.1%的铁碳合金。通常制成薄板、棒材和线材等 | |
| | 铸铁 | 碳含量大于2%的铁碳合金。大部分用于炼钢,少部分用于生产铸铁件 | |
| | 非合金钢 | 碳含量一般为0.02%~1.35%,并有硅、锰、硫、磷及其他残余元素的铁碳合金。习惯上称为碳素钢,简称碳钢。按质量等级分为普通非合金钢、优质非合金钢和特殊质量非合金钢;按主要性能和使用特性分为多种类型。习惯上,还可按含碳量分为低碳钢(含碳量小于0.25%)、中碳钢(含碳量0.25%~0.65%)和高碳钢(含碳量大于0.65%)等 | |

(续)

| 材料类别 | | 简要说明 | 备注 |
|---|---|---|---|
| 钢铁材料 | 低合金钢 | 按质量等级分为普通质量低合金钢、优质低合金钢和特殊质量低合金钢(如核能用低合金钢、铁道、舰船、兵器用特殊低合金钢等);按主要特性分为可焊接低合金高强度结构钢、低合金耐蚀钢、低合金钢筋钢、铁道用低合金钢、矿用低合金钢、其他低合金钢 | |
| | 合金钢 | 按质量等级分为优质合金钢和特殊质量合金钢;按主要特性分为工程结构用合金钢、机械结构用合金钢、不锈、耐蚀和耐热钢、工具钢、轴承钢、特殊物理性能钢、其他如铁道用合金钢等 | |
| 非铁金属材料 | 轻金属材料 | 铝、镁、钛及其合金以及以铝、镁、钛为基的粉末冶金材料和复合材料等 | |
| | 重金属材料 | 铜、镍、铅、锌、锡、铬、镉等重有色金属及其合金,以及以这些金属和合金经熔铸、压力加工或粉末冶金方法制成的材料 | 2. 关于轻金属材料。密度小于$3.5g/cm^2$的金属称为轻金属,如铝、镁、铍、锂等。国外把密度为$4.5g/cm^2$的钛也称为轻金属。我国通常只把铝和镁算作轻金属,而把钛看作稀有金属;目前,工程界把钛看作轻金属的越来越普遍。本书把钛看作轻金属 |
| | 贵金属材料 | 以贵金属及其合金为主要原料或在某些材料中加入相当数量的贵金属制成的有色金属材料。金、银和铂族金属(铂、钯、铑、钌、铱、锇)都能抗化学变化,在空气中加热不易氧化并保持美丽的金属光泽,产量少而价格昂贵,统称为贵金属 | |
| | 难熔金属材料 | 熔点超过1650℃的难熔金属钨、钼、钽、铌、钛、锆、铪、钒、铬、铼及其合金制成的材料。它们通常可加工成板、带、条、箔、管、棒、线、型材及粉末冶金材料与制品 | |

(续)

| 材料类别 | 简要说明 | | 备注 |
|---|---|---|---|
| 特殊用途金属材料 | 高温合金 | 一般指在600℃以上承受一定应力条件下工作的合金材料。它不但有良好的抗氧化和抗腐蚀能力,而且有较高的高温强度、蠕变强度和持久性能以及良好的抗疲劳性能。高温合金按制造工艺可分为变形高温合金、铸造高温合金、粉末冶金高温合金和发散冷却高温合金;按合金基体元素可分为铁基、镍基和钴基高温合金,使用最广的是镍基高温合金;此外,还可按强化方式或主要用途分类 | |
| | 精密合金 | 具有特殊物理性能的一类合金材料。通常包括磁性合金、弹性合金、热膨胀合金、精密电阻合金、热双金属、形状记忆合金、减振合金等 | 3. 精密合金也称为金属功能材料 |
| | 半导体材料 | 电导率介于导体和绝缘体之间的功能材料。有多种分类方法。按应用和特性可分为集成电路用、微电子用、发光用、辐射探测器用、红外用半导体材料,以及半导体热电材料、半磁半导体材料、超导半导体材料等 | |
| | 特种材料 | 包括复合材料、精密陶瓷、核反应堆材料、铍材料、微波吸收材料、激光材料、生物金属材料、发光材料、吸气材料、储氢材料等 | |

## 4.2.2 结构钢和不锈钢

根据对钢的工艺性能和使用性能的特定要求,用不同化学元素对钢进行合金化,按钢中化学元素规定含量的界限值,分别把钢称为低合金钢和合金钢。未经合金化的钢则称为非合金钢(碳钢)。

在钢液中特意加入不同化学元素的过程称为合金化。合金化所用的化学元素称为合金元素。常用的合金元素有10多种,如铝、铬、钴、镍、锰、钼、硅、钛、钨、钒、锆等。钢合金化的主要目的在于从基体金属铁研制出工艺性能(如铸造性、焊接性、热处理性、切削性、深冲性等)和使用性能(如强度、硬度、韧性、耐热性、耐蚀性、耐磨性或其他性能等)稳定、优良的低合金钢和合金钢。

钢的密度约为 $7.8g/cm^3$;抗拉强度最高可达2100MPa。

航空结构中应用的低合金钢和合金钢主要是高强度钢、超高强度钢及部分不锈钢;非合金钢也有少量应用。

高强度钢中除几种贝氏体钢(如18Mn2CrMoBVA 和15CrMnMoVA),调质渗碳钢和铆钉钢外,都属于含碳量在0.3%左右、合金元素在5%以内的合金调质钢。这种钢最终热处理后具有良好的综合力学性能,主要用于制造飞机机体和发动机上要求强度高、韧性好的构件。

超高强度钢是在合金结构钢的基础上发展起来的一种高强度、高韧性钢种。通常把抗拉强度在1500MPa以上,或者屈服强度在1380MPa以上,并具有足够的韧性和良好的工艺性能的合金钢称为超高强度钢。习惯上,超高强度钢按照合金元素含量分为三大类:低合金超高强度钢(合金元素含量<5%),例如30CrMnSiNi2A、40CrMnSiMoVA、300M;中合金超高强度钢(合金元素含量5%～10%),例如H-11mod;高合金超高强度钢(合金元素>10%),例如AerMet100。超高强度钢具有极高的比强度和良好的韧性,是飞机的关键结构材料。在航空工业中用于制作承受高应力的重要结构部件,如机翼主梁、起落架、对接接头等。

铬含量大于12%,具有不锈性和耐酸腐蚀性的铁基合金称为不锈耐酸钢,简称为不锈钢。不锈钢种类繁多,特性各异,按其组织可分为五大类:奥氏体不锈钢、铁素体不锈钢、双相不锈钢、马氏体不锈钢和高强度不锈钢。

航空发动机结构件常用的不锈钢包括1Cr18Ni9Ti奥氏体型不锈钢和1Cr11Ni2W2MoVA马氏体型不锈钢等。前者的典型应用如压气机整流罩燃烧室内套、外套及燃油导管等,后者的典型应用如燃烧室扩散机匣等。

航空产品使用的非合金结构钢是特殊质量非合金结构钢,在生产过程中需要特别严格控制质量和性能(例如,控制淬透性和纯洁度)并同时满足某些规定条件。非合金结构钢主要用于制造对强度要求较低的构件。

## 4.2.3 铝及铝合金

铝具有银白色的金属光泽,元素符号为 Al,主要特性是轻,相对密度只有钢铁的 1/3,比强度高。铝的强度随温度降低而增大,即使温度降低到 -198℃,铝并不变脆。铝是一种优良的导电材料。

铝具有良好的导热性能、良好的光和热的反射能力。铝易于加工,可压成薄板或铝箔、拉成铝线、挤压成各种异型的材料。铝可用一般的方法切割、钻孔和焊接。

铝合金是指以铝为基加入其他元素组成的合金。铝合金的密度为 2.63~2.85g/cm$^3$,强度范围较宽($\sigma_b$ 为 110~700MPa),比强度(抗拉强度/密度)接近合金钢,比刚度(弹性模量/密度)超过钢,有良好的铸造性能和塑性加工性能,良好的导电、导热性能和抗腐蚀性。可焊接,但焊接强度降低近一半,且由于传热速度快,易变形。

按其成分和生产工艺,铝合金一般分成变形铝合金和铸造铝合金两大类。

变形铝合金又称"可压力加工铝合金",是先将合金配料熔铸成坯锭,再以轧制、挤压、锻造、拉丝等工艺制造各种形状和尺寸的铝合金半成品。变形铝合金还按其能否通过热处理来进行沉淀强化,而分成不能热处理强化的铝合金和可以热处理强化的铝合金。

铸造铝合金是采用铸造工艺直接获得所需零件所使用的铝合金。要求它有理想的铸造性:良好的流动性、较小的收缩、热裂及冷裂倾向性,较小的偏析和吸气性。铸造铝合金的元素含量一般高于相应变形铝合金的元素,多数合金接近共晶成分。根据合金的使用特性,铸造铝合金可分为:耐热铸造铝合金、气密铸造铝合金、耐蚀铸造铝合金和可焊接铸造铝合金。

作为结构材料,铝合金在航空工业中有着广泛的应用。铝合金密度小、延性好、耐腐蚀、易加工、价格便宜,从 20 世纪 30 年代开始,人们就企图用铝合金制造飞机。长期以来,铝合金一直被大量用于制造飞机机体结构,如蒙皮、框架、桁条、主梁、前梁、翼梁、起落架零件及导管、铆钉等。近年来,纤维增强树脂基复合材料在飞机机体结构的应用日益增多,但是铝合金至今仍是飞机机体结构的主要结构材料。

## 4.2.4 钛及钛合金

钛的元素符号为 Ti,原子序数 22,相对原子质量 47.9。钛的熔点为 1690℃,

同素异构转变点为882℃。钛具有两种晶体结构,882℃以下为密排六方晶体结构(称α相);882℃以上为体心立方晶体结构(称β相)。钛密度小、比强度高、又耐腐蚀,是一种很好的结构材料。钛包括钛单晶和工业纯钛。工业纯钛可制成板、棒、丝、管材和锻件、铸件等。

钛合金是以钛为基,含有其他合金元素和杂质的合金。

钛合金的主要特点:在-253~600℃范围内,比强度高,抗拉强度可达1200~1400MPa,而密度仅为钢的60%,约4.5g/cm³;耐热性好,耐热钛合金最高使用温度已达600℃;耐蚀性能优异,耐海水腐蚀性能可与白金相比;低温性能良好。

钛合金根据存在于它们组织中的相可分成三类:α型、α+β型和β型钛合金;根据工艺方法可分为变形钛合金、铸造钛合金和粉末冶金钛合金;按使用性能可分为结构钛合金、耐热钛合金、耐蚀钛合金、低温钛合金和功能钛合金等。

变形钛合金是可进行塑性加工的钛合金。能制成半成品,如板、棒、丝、带、箔、管、型材、锻件或锻坯等,是目前普遍应用的钛合金。其组织类型有α型、α+β型和β型。

铸造钛合金是能浇注成一定形状铸件的钛合金。大部分变形钛合金具有较好的铸造性能,均可用于铸造。多用真空凝壳炉和石墨型熔铸。

钛合金是飞机的关键结构材料,在航空工业中得到越来越多的应用,特别是用于飞机机体和发动机中要求强度高、热强性好的部位。重要的使用零件有喷气发动机用风扇叶片、压气机叶片、盘、内环、压气机匣、中间机匣、增压器叶轮、发动机罩、排气罩、轴承壳体及支座等;飞机机身用结构锻件、紧固件和高温区蒙皮等。

### 4.2.5 高温合金

高温合金一般指在600℃以上承受一定应力条件下工作的合金。它不但有良好的高温抗氧化和抗腐蚀能力,而且有较高的高温强度、蠕变强度和持久性能以及良好的抗疲劳性能。

高温合金按制作工艺可分为变形高温合金、铸造高温合金、粉末冶金高温合金和发散冷却高温合金。按合金基体元素可分为铁基、镍基和钴基高温合金,使用最广的是镍基高温合金,其高温持久强度最高,钴基高温合金次之,铁基高温合金最低。按强化方式可分为固溶强化高温合金、时效强化高温合金和氧化物弥散强化高温合金,固溶强化高温合金具有良好的抗氧化性、良好的塑性和成形性以及一定的高温强度,主要用于承受应力较低的高温部件,如燃烧室、火焰筒等;时效强化高温合金具有较高的高温强度和蠕变强度以及良好的综合性能,是高温合金材料的主要组成部分,用于承受高负荷的高温和中温部件,如涡轮叶片、涡轮盘等;氧化物弥散强化高温合金中弥散分布的氧化物有高的热稳定性,即使在很高温度下也不固溶于基体,因而在1000℃以上仍有较高的强度。

高温合金是现代航空发动机的关键热端部件材料,用于制作涡轮叶片、导向器叶片、涡轮盘、燃烧室和机匣等。

## 4.3 先进聚合物基复合材料

聚合物基复合材料的第一代是玻璃纤维/树脂基复合材料(俗称玻璃钢),第二代是以高强度、高模量为特征的碳纤维、硼纤维、芳纶纤维、超高分子量聚乙烯等纤维增强的复合材料,其性能明显优于第一代,被称为先进聚合物基复合材料(APMC)。

按使用功能,复合材料可分为结构材料和功能材料两大类。结构复合材料以力学性能为主,功能复合材料以物理、化学性能为主。

结构复合材料的特点是可根据材料在使用中受力的要求进行组元选材设计,更重要的是还可进行复合结构设计,即增强体设计,能合理地满足需要并节约用材。功能复合材料则具有某种特殊的物理或化学特性,可根据其功能分类,如导电、磁性、阻尼、摩擦、换能等。

先进聚合物基复合材料的特征和优点如下:

(1) 比强度、比模量高。高模量碳纤维复合材料的比强度是钢的5倍、铝合金的4倍、钛合金的3.5倍以上,比模量是钢、铝、钛的4倍甚至更高。

(2) 耐疲劳性能好。大多数金属材料的疲劳强度极限是其拉伸强度的30%~40%,而碳纤维复合材料的疲劳强度极限是其拉伸强度的70%~80%。

(3) 抗震性能好;具有多种功能;各向异性及性能可设计性。

(4) 材料与结构的同一性。复合材料制造与制品成形是同时进行的,可实现制品的一次成形,适合于大面积、结构形状复杂构件的精确整体成形。

(5) 热膨胀系数小。

先进聚合物基复合材料的缺点如下:

(1) 耐湿热性较差。

(2) 材料性能的分散性较大。

(3) 价格过高。

先进聚合物基复合材料的主要用户是航空、航天工业。在航空工业中,已应用部位几乎遍布战斗机的机体,包括垂直尾翼、水平尾翼、机身蒙皮以及机翼的壁板和蒙皮等,先进的F-22战斗机树脂基复合材料的用量为24%;民用飞机的应用部位以次结构(如整流罩、固定翼和尾喷口盖壁板、发动机罩)以及飞机控制面(如副翼、升降舵、方向舵和扰流片)为主;聚合物基复合材料在直升机结构中应用更广、用量更大,不仅机身结构,而且由桨叶和桨毂组成的升力系统、传动系统也大量采用树脂基复合材料。

## 复 习 题

1. 根据材料的组成与结构的特点,材料可分为(　　)。
   A. 金属材料、有机高分子材料、无机非金属材料、复合材料。
   B. 碳钢、合金钢、铝合金、钛合金。
   C. 金属、塑料、无机材料、有机材料。
   D. 金属、塑料、陶瓷、复合材料。

2. 按 GB/T 13304—1991,钢的分类是(　　)。
   A. 非合金钢、低合金钢、高合金钢。
   B. 低碳钢、中碳钢、高碳钢。
   C. 普通钢、优质钢、特殊质量钢。
   D. 以上都不是。

3. 下列均属轻金属的是(　　)。
   A. 铝、锌、钛。
   B. 铝、镁、锡。
   C. 铝、镁、钛。
   D. 密度不大于 $5g/cm^3$ 材料。

4. 下列说法不正确的是(　　)。
   A. 精密合金也称为金属功能材料。
   B. 金属材料包括纯金属及其合金。
   C. 高温合金能承受 600℃ 以上高温。
   D. 铝合金不耐腐蚀。

5. 下列关于钢的叙述,正确的是(　　)。
   A. 钢分为低碳钢、中碳钢和高碳钢。
   B. 钢分为碳钢、低合金钢、中合金钢、高合金钢。

C. 钢是以铁为主要元素,含碳量一般在 1.35% 以下,并含有其他元素的材料。

D. 碳钢是碳含量一般为 0.02%~1.35%,并有硅、锰、硫、磷及其他残余元素的铁碳合金。

6. 中碳钢的含碳量为( )。

   A. $0.25\% \leqslant W(C) < 0.65\%$

   B. $0.25\% < W(C) \leqslant 0.65\%$

   C. $0.25\% < W(C) < 0.65\%$

   D. $0.25\% \leqslant W(C) \leqslant 0.65\%$

7. 以下关于铝合金的论述,不正确的是( )。

   A. 按其成分和生产工艺,分为变形铝合金和铸造铝合金。

   B. 比强度接近合金钢,比刚度超过钢。

   C. 是飞机机体结构的主要结构材料,用作蒙皮、框架、桁条、主梁、前梁、翼梁等。

   D. 以上都不对。

8. 以下关于钛合金的论述,不正确的是( )。

   A. 根据组织中的相分类:α 型、α+β 型、β 型。

   B. 钛合金熔炼的主要方法是真空自耗电弧熔炼。

   C. 钛合金是飞机的关键结构材料,用于飞机机体和发动机中要求强度高、热强性好的部位。

   D. 以上都不对。

9. 以下关于结构钢的论述,不正确的是( )。

   A. 非合金结构钢主要用于制造对强度要求较低的飞机构件。

   B. 高强度钢具有良好的综合力学性能,主要用于制造飞机机体和发动机上要求强度高、韧性好的构件。

   C. 超高强度钢是飞机的关键结构材料,用于制作承受高应力的重要结构部件,如机翼主梁、起落架、对接接头等。

   D. 与铝合金、钛合金、复合材料相较,结构钢在飞机上的用量最多。

10. 下列说法正确的是( )。

    A. 非合金钢、低合金钢、合金钢均属合金。

    B. 碳素钢、低合金钢、合金钢均经过合金化。

    C. 钢的含碳量在 2.11% 以下。

D. 航空工业应用的结构钢主要是非合金结构钢。

11. 下列关于高温合金的叙述,不正确的是( )。

　　A. 一般指在600℃以上承受一定应力条件下工作的合金。

　　B. 高温合金是现代航空发动机的关键热端部件材料。

　　C. 按合金基体元素分为铁基、镍基和钴基高温合金。

　　D. 使用最广的是钴基高温合金。

12. 下列说法不正确的是( )。

　　A. 铝合金分为变形铝合金和铸造铝合金。

　　B. 玻璃钢基体为树脂,增强体为玻璃纤维。

　　C. 复合材料的基体起增强作用。

　　D. 铝合金比强度高。

13. 下列说法不正确的是( )。

　　A. 高温合金主要用来制造涡轮叶片、导向器叶片、涡轮盘、燃烧室、机匣等。

　　B. 铝合金和钛合金都是飞机的主要结构材料。

　　C. 超高强度钢具有极高的比强度和良好的韧性,是飞机机体的关键结构材料。

　　D. 以上都不对。

# 第五章 金属铸造与铸件缺陷

## 5.1 概　述

熔炼金属,制造铸型,并将熔融金属浇入铸型,凝固后获得具有一定形状、尺寸和性能金属零件毛坯的成形方法称为金属铸造。铸造所获得的金属零件或零件毛坯称为铸件。大多数金属如钢铁和有色金属及其合金(如铜、铝、镁、钛等)均可用铸造方法制成对象。

铸造方法分为两类:砂型铸造和特种铸造。在砂型中生产铸件的方法称为砂型铸造;与砂型铸造不同的其他铸造方法称为特种铸造,例如金属型铸造、熔模铸造、凝壳铸造、离心铸造、压力铸造。

铸造方法的优点是能制成形状复杂、重量几乎不受限制(从几克到几百吨)的各类对象。广泛用于制造机器零件,也常用于制造生活用品和艺术品。

现代铸造已在航空工业和其他机器制造业中得到普遍应用。铸造工艺正向着优质、精密、高效和专业化的方向发展,例如垂直分型无箱挤压造型,定向凝固、单晶等。

铸造生产过程中,由于工艺参数选择不当或操作不慎,导致铸件表面或内部产生缺陷。铸件缺陷是导致铸件性能低下、使用寿命短、报废和失效的重要原因。

## 5.2 铸造方法

### 5.2.1 砂型铸造

砂型铸造俗称"翻砂",是用型砂制成的铸型进行铸造的古老方法。主要过程(见图 5-1)如下:

(1)制造铸模:用木材或金属制成与铸件外形基本相同的铸模。

(2)造型:将铸模及浇铸系统(浇铸零件时液体金属充填型腔所流经的信道系统与储存部分。它通常由浇口杯、直浇道、横浇道、内浇道等单元组成)、金属补缩冒口等放在砂箱或筑成的地坑内;用砂子、黏土和水混合而成的具有一定性能的型砂装填在砂箱内,将铸模全部覆盖住,经手工或机械方法使砂箱内的型砂紧实;取出铸模,浇铸信道及金属补缩冒口等,得到具有铸件外形的铸型(飞轮、车轮等铸件,用刮板代替铸模造型)。

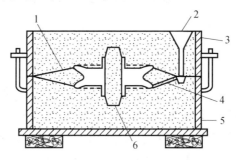

图 5-1 砂型铸造示意图

1—湿砂芯;2—池形外浇;3—上箱;4—浇道;5—下箱;6—干砂芯。

(3)造芯:用砂子、黏土或植物油、谷类、纸浆、合脂、糖等以及水混合成具有一定性能的芯砂,将其装填在具有铸件内腔表面形状的模型即芯盒内;紧实,拆除芯盒,得到其有内腔表面的芯子,经烘干即成。

(4)合箱浇铸:将芯子装配到铸型型腔内,浇入熔融金属。

(5)落砂、清理:金属凝固后,去掉铸型、芯子及浇道等,即得铸件。

砂型铸造不受零件形状、尺寸、重量等限制,设备简单,成本低。但劳动强度大、铸件尺寸精度不高、表面不光洁。多用于一般钢、铁、铝、镁合金等铸造。

## 5.2.2 金属型铸造

金属型铸造通常指用金属铸型的铸造方法,又称"硬模铸造"或"钢模铸造",简称"金型铸造"。铸型用金属材料制成,型腔内表面涂覆涂料,装配型芯,浇入熔融金属液,凝固后开型面即可获得铸件。金属型可长期使用,故又名"永久型铸造"。

金属型铸造的优点:铸件晶粒细小,组织致密,力学性能高,尺寸精确,表面光洁。广泛用于铝、镁、铜、锌有色合金铸件和部分铸铁件、铸钢件的生产。

## 5.2.3 熔模铸造

熔模铸造又称"失蜡铸造"。将熔模(经加热可以熔失的铸模)和浇注系统焊成一体的模组,其上涂覆多层或一次灌注耐高温的陶瓷料浆,固化干燥后,结成铸型。使熔模熔化流出,铸型经高温焙烧,注入液态金属,冷却后即得铸件。

熔模铸件精度高,可达5~4级,表面粗糙度为1.6~6.4μm,适用于铸造任何复杂形状的、或壁厚仅0.3mm的、轻到几克重到几十千克的、不易加工或锻造的合金零件,如定向凝固空心涡轮叶片、整体机匣等(见图5-2、图5-4)。

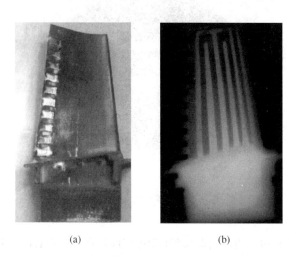

图5-2 熔模铸造的典型应用 定向凝固空心无余量涡轮叶片
(a) 实物照片;(b) 射线照片。

## 5.2.4 离心铸造

离心铸造是将金属熔液浇入高速旋转的铸型中,在离心力的作用下,使金属熔液凝固而获得铸件的一种铸造方法(见图5-3)。

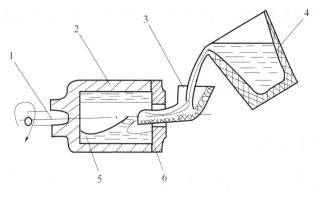

图5-3 离心浇注原理图

1—旋转轴;2—铸型;3—浇铸槽;4—浇包;5—铸型中的金属熔液;6—铸型端盖。

离心铸造适用于圆管状铸件,例如铸铁管、气缸套、轴瓦、陀螺与马达转子等。不规则形状的铸件,如曲轴也可以铸造。铸铁、钢、钛、铝、黄铜和青铜均适用于离心铸造。在航空工业中,机匣整体铸件(见图5-4)就是采用熔模精密铸造离心浇注生产的。

图5-4 离心铸造典型应用(熔模精密铸造离心浇注)

### 5.2.5 凝壳铸造

以自耗电极作为负极,盆状水冷铜坩埚作为正极,在真空条件下借助电弧产生的高温使自耗电极逐渐熔化,滴落到水冷铜坩埚内即形成金属熔池,由于坩埚的激冷便凝成一层合金薄壳。当坩埚中的金属熔液达到预定需要量后,立即翻转坩埚,注入与金属无反应的铸型(如石墨型等)内,获得铸件的方法称为凝壳铸造法。此方法可避免坩埚材料对熔融金属的污染,主要用于活性金属与难熔金属的熔炼和铸造。

## 5.3 铸件缺陷

### 5.3.1 铸件缺陷分类

铸件缺陷是铸造生产过程中,由于种种原因,在铸件表面或内部产生的各种缺陷的总称。铸件缺陷种类繁多,形状各异。通常将铸件缺陷分为八类,缺陷类型与缺陷名称如表5-1所列。

表 5-1 铸件缺陷

| 序号 | 缺陷类别 | 缺陷名称 |
|---|---|---|
| 1 | 多肉类 | 飞翅、毛刺、外渗物(外渗豆)、粘模多肉、冲砂、胀砂、掉砂、抬型(抬箱) |
| 2 | 孔洞类 | 气孔、气缩孔、针孔、表面针孔、皮下气孔、呛火、缩孔、缩松、疏松 |
| 3 | 裂纹、冷隔类 | 冷裂、热裂、热处理裂纹、网状裂纹(龟裂)、白点(发裂)、冷隔、浇注断流、重皮 |
| 4 | 表面缺陷 | 表面粗糙、粘砂、夹砂、结疤、鼠尾、沟槽、皱皮、缩陷、橘皮面、斑点和印痕等 |
| 5 | 残缺类 | 浇不到(浇不足)、未浇满、跑火、型漏(漏箱)、损伤等 |
| 6 | 形状及重量差错类 | 尺寸和重量差错,变形,错型(错箱),错芯,偏芯(漂芯),舂移等 |
| 7 | 夹杂类 | 金属夹杂物(冷豆,内渗物(内渗豆)),非金属夹杂物(夹渣和砂眼)等 |
| 8 | 成分、组织和性能不合格 | 物理、力学性能和化学成分不合格,石墨漂浮,石墨集结,组织粗大,过烧,偏析,硬点,白口,反白口,球化不良和球化衰退,亮皮,菜花头 |

## *5.3.2 无损检测常见铸件缺陷

如表 5-1 所列缺陷中,无损检测常见的主要缺陷包括孔洞类缺陷的缩孔、缩松、疏松,气孔,针孔,气缩孔;裂纹冷隔类缺陷的裂纹、白点,冷隔;夹杂类缺陷的金属夹杂和非金属夹杂;成分、组织和性能不合格类缺陷的偏析、过烧。

**1. 孔洞类缺陷**

在铸件表面或内部产生的不同大小、形状的孔洞缺陷的总称,包括气孔、针孔;缩孔、缩松、疏松;气缩孔。

1) 气孔、针孔

气孔、针孔都是铸件内由气体形成的孔洞类缺陷。

气孔表面一般比较光滑,主要呈梨形、圆形和椭圆形。一般不在铸件表面露出,大孔常孤立存在,小孔则成群出现。气孔有三种类型:析出性气孔(针孔)、反应性气孔(皮下气孔)、侵入性气孔(集中大气孔),如图5-5所示。

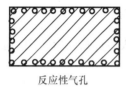 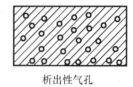 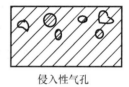

反应性气孔　　　　　析出性气孔　　　　　侵入性气孔

图5-5　气孔、针孔示意图

一般为针头大小分布在铸件截面上的析出性气孔称为针孔;成群分布在铸件表层的分散性反应性气孔称为表面针孔。

(1)侵入性气孔(集中大气孔):主要由于浇注时排气不畅,型和芯中的气体侵入金属液后引起的气孔。孔内表面光滑,容积较大,表面氧化,多数呈梨形或椭圆形,位于铸件表面或内部,分布没有规律,如图5-6所示。

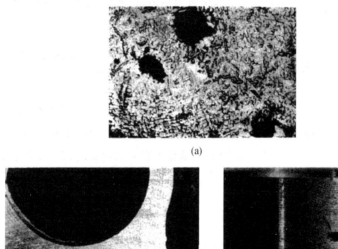

图5-6　侵入性气孔(铝合金)

(a)气孔,未浸蚀,25×;(b)因砂芯未烘干造成的侵入性气孔;(c)气孔实物,1×。

(2)反应性气孔(皮下气孔):位于铸件表皮下的分散性气孔,为金属液与铸型之间发生化学反应产生的反应性气孔,形状有针状、蝌蚪状、梨状等,其大小不

一、深度不等,通常在机械加工或热处理后才能发现,如图5-7所示。

成群分布在铸件表层的分散性气孔称为表面针孔,通常暴露在铸件表面,机械加工1~2mm后即可去掉。

图5-7 皮下气孔(铝合金)

(3) 析出性气孔(针孔):溶解在金属液中的气体在凝固时析出产生的气孔。一般为针头大小分布在铸件截面上,故称为针孔。铝合金铸件中常出现这类气孔,对铸件性能危害很大。按形状,析出性气孔可分为点状针孔、网状针孔和综合性针孔三种类型,如图5-8所示。

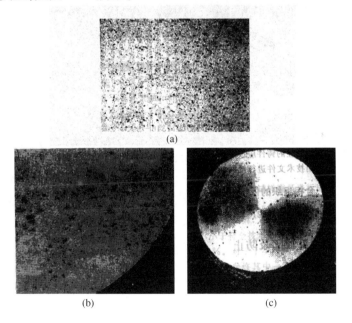

图5-8 析出性气孔(铝合金)

(a) 点状针孔(未浸蚀,x1);(b) 网状针孔;(c) 综合性针孔。

2）缩孔、缩松、疏松（显微缩松）

缩孔、缩松、疏松都是金属在凝固过程中，由于补缩不良而产生的孔洞。

（1）缩孔：缩孔形状极不规则，孔壁粗糙，并带有枝状晶，常出现在铸件最后凝固的部位。重力浇注时它常出现在铸件厚大部分热节的中心和厚薄壁转接处热节的中心，如图5-9(a)所示；离心浇注时它的形状和位置就不一定在热节的中心，而是要随铸件在铸型中的位置而变化，情况比较复杂，如图5-9(b)所示。

按分布特征，缩孔可分为集中缩孔和分散缩孔两类，如图5-9(a)、(b)、(c)所示。

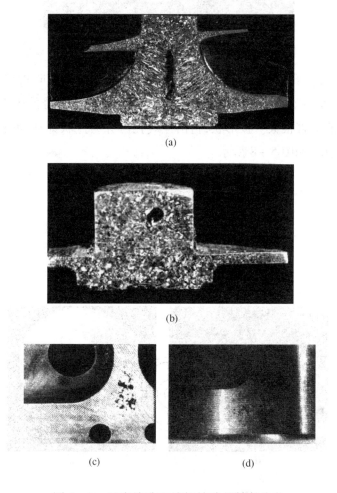

图5-9 具有缩孔和缩松缺陷的铸件实物

(a) 缩孔（钛合金，重力浇铸）；(b) 缩孔（钛合金，离心浇铸）；
(c) 缩孔（铝合金）；(d) 缩松（铝合金）。

（2）缩松：铸件断面上出现的分散而细小的缩孔。缩松铸件密封性能差，易渗漏，断口呈海绵状；缩松严重的铸件在凝固冷却或热处理过程中容易产生裂纹（见图5-9(d)）。

（3）疏松（显微缩松）：是铸件凝固缓慢的区域因微观补缩信道堵塞而在枝晶间及枝晶的晶臂间形成的很细小的孔洞，易造成渗漏。疏松的宏观断口形貌与缩松相似，微观形貌表现为分布在晶界和晶臂间、伴有粗大树枝晶的显微孔穴（见图5-10）。

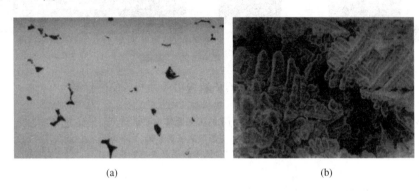

(a)　　　　　　　　　　　　　(b)

图5-10　K403合金试样疏松形貌

(a) 抛光状态，100×；(b) 断口扫描电镜照片，400×。

3）气缩孔：分散性气孔与缩孔和缩松合并而成的孔洞类铸造缺陷。

**2. 裂纹冷隔类缺陷**

1）裂纹

铸件表面或内部由于各种原因形成的条纹状裂缝，包括冷裂、热裂、热处理裂纹等。

（1）冷裂。铸件凝固冷却后在较低温度下形成的裂纹，是局部铸造应力大于合金拉伸强度极限而引起的开裂。冷裂往往穿晶延伸到整个截面，呈宽度均匀的细长直线或折线状，断口有金属光泽或轻微氧化色泽。

（2）热裂（见图5-11）。

铸件在凝固末期或终凝后在较高温度下形成的裂纹。热裂断口严重氧化，无金属光泽，裂纹在晶界萌生并沿晶界扩展，呈粗细不均、曲折而不规则的曲线。

在实际生产中，出现了热裂纹的铸件，若凝固后仍处于较大的内应力下，裂纹还会继续扩展形成冷裂纹。这种既有热裂又有冷裂的裂纹称为综合裂纹。

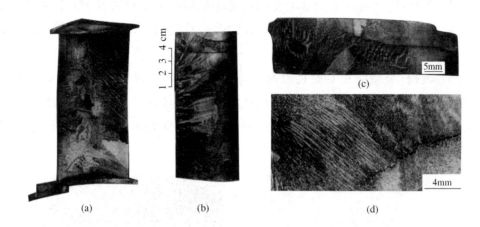

图 5-11 K411 叶片的热裂纹沿晶界和枝晶间扩展

（3）热处理裂纹。铸件在热处理过程中产生的穿透或不穿透的裂纹，其断口有氧化现象。热处理裂纹可出现在表面或内部，可沿晶扩展或穿晶扩展，呈线状或网状。

2）白点（发裂）

钢中主要因氢的析出而引起的缺陷。在纵向断面上呈银白色圆斑或椭圆斑，故称白点；在横断面腐蚀后的低倍试片上呈发状毛细裂纹，故又称发裂。淬透性高的某些合金钢铸件在快速冷却时，主要因氢的析出及产生的组织应力和热应力而引起。白点的断裂方式呈沿晶断裂。

3）冷隔（图 5-12）

在铸件上穿透或不穿透的、边缘呈圆角状的缝隙。充填金属流股汇合时熔合不良所致。多出现在远离浇道的铸件宽大上表面或薄壁处、金属流汇合处，以及芯撑、冷铁等激冷部位。

**3. 夹杂类缺陷**

铸件中各种金属和非金属夹杂物的总称。夹杂物是铸件内部或表面上存在的与机体金属成分不同的质点，如图 5-13 所示。

1）金属夹杂物。

（1）外生金属夹杂物。铸件内成分、结构、色泽、性能不同于基体金属，形状不规则、大小不等的金属或金属间化合物。通常由外来金属所引起。

（2）内渗物（内渗豆）。铸件孔洞缺陷内部带有光泽的豆粒状金属渗出物。成分与铸件本体不一致，接近于共晶成分。

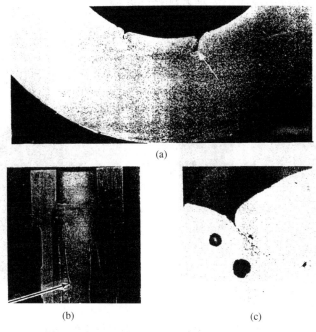

图 5-12 冷隔缺陷

(a)表面冷隔;(b)内部冷隔;(c)表面冷隔显微照片。

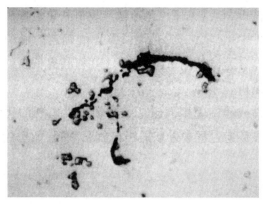

图 5-13 PWA1422 合金夹杂 200×

2)非金属夹杂物

(1)夹渣、渣气孔。夹渣是铸件表面或内部由熔渣引起的夹杂物。由于其熔点和密度均比金属液低,通常位于铸件上表面,砂芯下面的铸件表面或铸件的死角处。

铸件表面或内部伴有气孔的夹渣称为渣气孔,形式有夹渣内含气孔、气孔内含夹渣及夹渣外气孔成群分布三种。渣气孔的出现部位与夹渣相同。在断面上,夹渣和渣气孔均无金属光泽。

(2) 砂眼。铸件内部或表面带有砂粒的孔洞。

**4. 成分、组织不合格类缺陷**

1) 偏析

铸件各部分化学成分分布不均匀的现象。广义而言,是指固态合金中化学成分(包括杂质元素)分布的不均匀性,如图 5-14 所示。

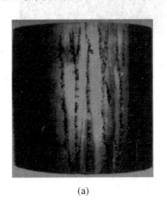 

(a)   (b)

图 5-14  U700 高温合金单晶锭中的斑链

(a) 全貌;(b) 局部放大,12×(宏观偏析)。

偏析分为微观偏析和宏观偏析(包括区域偏析和重力偏析)两类。

微观偏析是铸件中用显微镜或其他仪器方能确定的显微尺度范围内的化学成分分布不均匀性。分为枝晶偏析(晶内偏析)和晶界偏析。晶粒细化和均匀化热处理可减轻这种偏析。

宏观偏析是铸件或铸锭中用人眼或放大镜可以发现的化学成分分布不均匀性。宏观偏析只能在铸造过程中采取适当措施来减轻,无法用热处理和变形加工来消除。

2) 过烧

铸件在高温热处理过程中,由于加热温度过高或加热时间过长,使其表层严重氧化,或晶界处和枝晶间的低熔点相熔化的现象。过烧使铸件组织和性能显著恶化,无法挽救。

# 复 习 题

1. 名词解释:

(1) 金属铸造;铸件。

(2)砂型铸造;特种铸造。

(3)金属型铸造、熔模铸造、凝壳铸造,离心铸造。

(4)铸件缺陷;缩孔、缩松、疏松,气孔、针孔,气缩孔;裂纹、白点,冷隔;夹杂;偏析、过烧。

2. 砂型铸造的主要过程是(　　)。

  A. 制造铸型;造模;造芯;合箱浇注;落沙、清理。

  B. 制造铸模;造型;造芯;合箱浇注;落沙、清理。

  C. 制造铸模;造芯;合箱浇注;落沙、清理。

  D. 制造铸模;熔炼金属;造芯;合箱浇注;落沙、清理。

3. 下列关于无损检测常见铸件主要缺陷的说法,不正确的是(　　)。

  A. 孔洞类缺陷包括缩孔、缩松、疏松,气孔、针孔,气缩孔。

  B. 裂纹冷隔类缺陷包括裂纹、白点,冷隔、分层。

  C. 夹杂类缺陷包括金属夹杂和非金属夹杂。

  D. 成分、组织和性能不合格类缺陷包括偏析、过烧。

4. 下列缺陷不属于铸造缺陷的是(　　)。

  A. 针孔。  B. 疏松。  C. 折叠。  D. 裂纹。

  E. 发裂。  F. 偏析。

5. 下列说法不正确的是(　　)。

  A. 发纹、白点是指同一缺陷。

  B. 偏析分为宏观偏析和微观偏析。

  C. 气孔与缩孔都属于孔洞类缺陷。

  D. 白点、发裂是指同一缺陷。

6. 溶解在金属液中的气体在凝固时析出产生的气孔称为(　　)。

  A. 针孔。    B. 反应性气孔。

  C. 集中大气孔。  D. 疏松。

7. 铸件凝固缓慢的区域因微观补缩信道堵塞而在枝晶间及枝晶的晶臂间形成的很细小的孔洞称为(　　)。

  A. 疏松。  B. 缩孔。  C. 缩松。  D. 显微缩孔。

8. 充填金属流股汇合时熔合不良所致的缺陷称为(　　)。

  A. 冷隔。  B. 冷裂。  C. 热裂。  D. 发裂。

# 第六章　金属塑性加工与塑性加工制品缺陷

## 6.1　概　述

利用金属的塑性,使其改变形状、尺寸和改善性能,获得型材、棒材、板材、线材或锻压件的加工方法,称为金属塑性加工。或者说,金属塑性加工是利用固态金属的塑性、借助于工具对金属铸坯或锻轧坯施加外力,迫使其发生塑性变形以达到预期的形状和性能的加工过程。冶金厂冶炼出的钢、有色金属及其合金除很少数作为铸件外,95%以上都要浇铸成锭、块或连铸坯,经过塑性加工成为各种板、带、型材、棒、管、线、丝以及各种金属制品。在航空工业中,飞机机体零件、航空发动机零件等均离不开塑性加工。金属塑性加工方法可按加工时金属的温度及金属变形时的变形方式、变形工具和受力方式分类:

(1)根据金属变形时的变形方式、变形工具和受力方式的不同,应用最普遍的塑性加工类别有锻造、轧制、挤压、拉拔、冲压、冷弯、旋压等(见图6-1)。

(2)根据加工时金属的温度,金属塑性加工主要区分为热加工、冷加工、半液态加工和温加工。

许多大型的开模锻件都是由铸锭直接锻造的。大多数的闭模锻件和顶锻件则是用坯料、轧制的棒料或预制坯生产的;轧制产品是由板坯、初轧坯、中小钢坯轧制的。而锻造所用的坯料、轧制的棒料或预制坯,以及轧制所用的板坯、初轧坯、中小钢坯则是由铸锭经初轧,或连铸坯经截断获得的。因此,塑性加工制品的缺陷可能是由铸锭的原始状态、铸锭及锭坯的随后热加工,以及塑性加工工序引起的。

| 基本塑性变形方式 | | | | | | | |
|---|---|---|---|---|---|---|---|
| 基本受力方式 | 压 力 | | | | | | |
| 分类与名称 | 锻 造 | | | 轧 制 | | | |
| | 自 由 锻 造 | | 模锻 | 纵轧 | 横轧 | 斜轧 | |
| | 镦粗 | 延伸 | | | | | |
| 图例 | | | | | | | |

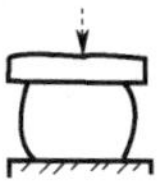

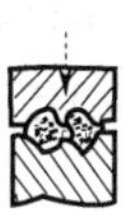

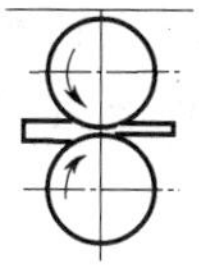

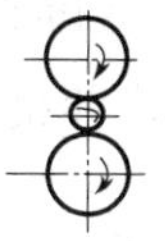

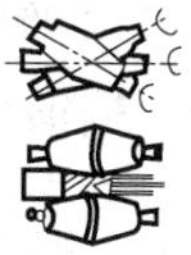

| 基本塑性变形方式 | | | | | | | |
|---|---|---|---|---|---|---|---|
| 基本受力方式 | 压 力 | | 拉 力 | | | 弯矩 | 剪力 |
| 分类与名称 | 挤压 | | 拉拔 | 冲压（拉延） | 拉伸成形 | 弯曲 | 剪切 |
| | 正挤压 | 反挤压 | | | | | |
| 图例 | 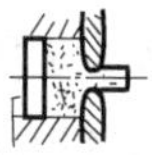 |  |  |  |  |  | 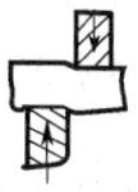 |

| 组 合 塑 性 变 形 方 式 | | | | | |
|---|---|---|---|---|---|
| 组合方式 | 锻造轧制 | 轧制挤压 | 拉拔轧制 | 轧制弯曲 | 轧制剪切 |
| 名称 | 锻扎 | 推扎 | 拔扎 | 辊弯 | 异步轧制 |
| 图例 | 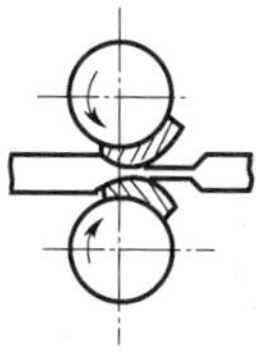 | 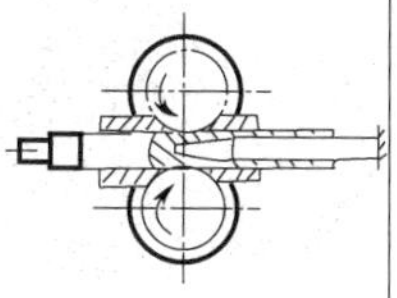 | 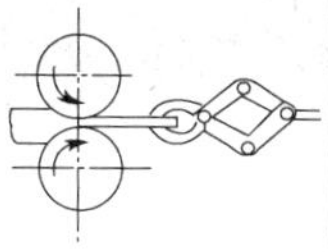 | 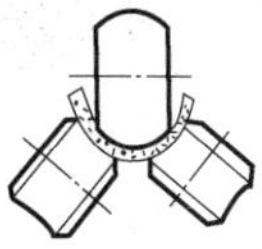 | 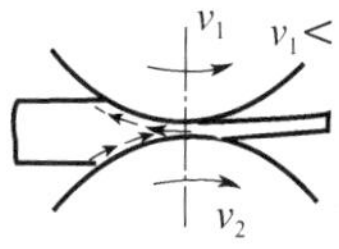 |

图 6-1 金属塑性加工类别

## 6.2 锻 造

在加压设备及工(模)具的作用下,使坯料、铸锭产生局部或全部的塑性变形,以获得一定几何尺寸、形状和质量的制件加工方法,称为锻造。或者说,锻造是用锻锤锤击或压制的方法对坯料施加压力,使之产生塑性变形成为一定形状、尺寸和质量的制件的金属塑性加工方法。锻造的适应性强,能生产各种材质、形状和尺寸的锻件。锻造可以改善锻件的内部组织并提高力学性能。在冶金厂锻造常用于合金钢开坯、大断面轴材、饼材等。锻造是机械制造中生产零件的主要方法之一。按锻件形状和批量要求不同,可采用不同的工具和工艺方法。

### 6.2.1 锻造方法

锻造按使用工具和设备的不同可分为自由锻和模锻两大类(见图6-1)。

(1) 自由锻:只用简单的通用性工具,或在锻造设备的上、下砧间直接使坯料变形而获得所需的几何形状及内部质量锻件的方法,称为自由锻。自由锻分为手工自由锻、锤上自由锻和压力机上自由锻。自由锻适用于单件小批量生产,灵活性大。某些合金钢和钛合金的开坯以及大型锻件的锻造都必须采用自由锻。

(2) 模锻(模型锻造):利用模具使毛坯变形而获得锻件的锻造方法称为模锻。或者说,模锻是把模具分别装在锻压设备的活动部分(锤头)和固定砧块上进行的锻造加工。在自由锻造设备上使用可移动的模具生产锻件的方法叫做胎膜锻造。模锻产生的纤维状组织(见图6-2)可获得更高的强度。

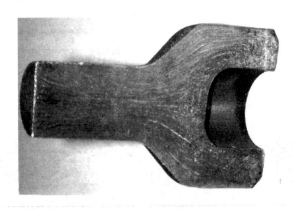

图6-2 模锻获得的纤维状组织

模锻因使用锻造设备的不同,可分为锤上模锻、模锻压力机上模锻、平锻机上模锻、摩擦压力机上模锻和液压机上模锻等。按变形温度的不同又分为热锻、温锻和冷锻。

模锻按变形时的特点,又可分为开式模锻和闭式模锻两种。

随着工业技术的发展,模锻技术也在不断发展,出现了精密模锻、等温模锻、多向模锻、液态模锻、高速模锻和粉末模锻等。

## 6.2.2 锻件分类

用锻造方法生产的金属制件称为锻件。

锻件因锻造方法的不同分为自由锻件和模锻件。

按照锻件外形和模锻时毛坯轴线方向与外力方向的关系,模锻件分成长轴类和饼类(短轴类)两大类。

(1) 长轴类锻件:锻件的长度同宽度或高度的尺寸比例较大。模锻时,坯料的轴线方向与打击方向垂直。根据锻件平面图轴线形状和分模线的特征,长轴类锻件可分为4组(见表6-1):直长轴线锻件;弯曲轴线锻件;枝芽形锻件和芽叉形锻件。

(2) 饼类锻件:锻件在分模面上的投影为圆形、长宽尺寸相差不大的方形或近似方形模锻时,坯料轴线方向和打击方向相同,金属沿高度和宽度方向同时流动。饼类锻件分为2组(见表6-1):简单形状锻件,如饼、盘、环和齿轮环等;复杂形状锻件,如+字接头等形状的锻件。

## *6.2.3 锻件缺陷

锻件中的常见缺陷有21种。其中,无损检测常见的锻件缺陷有8种:缩孔、夹杂物、偏析、白点、折叠、过热、过烧、裂纹。前4种缺陷源自铸锭原有的缺陷;后4种缺陷源自铸锭/坯料加工、或者是锻造工序引起的。

在许多情况下,锻造工序引起的缺陷与铸锭或坯料在终锻前的初压延过程中所产生的缺陷相同或类似。

(1) 缩孔:在金属冷凝过程中由于液体金属补给不足所形成的孔穴。缩孔大体上呈圆柱形或锥形,是铸锭的常见缺陷之一,经常出现在铸锭的顶端部分。锻造时因切头量不足而残留下来,多见于轴类锻件的头部。

缩孔严重地破坏材料的连续性,在锻造时必然产生裂纹,是不允许存在的缺陷。

表 6–1 模锻件的分类

| 类别 | 组别 | 锻件图例 |
|---|---|---|
| 长轴类 | (1) 直长轴线 | |
| | (2) 弯曲轴线 | |
| | (3) 枝芽形 | |
| | (4) 芽叉形 | |
| 饼类 | (1) 简单形状 | |
| | (2) 复杂形状 | |

（2）夹杂物：包括金属夹杂物和非金属夹杂物。

夹杂物的存在，会降低金属承受高的静载荷、冲击力、循环或疲劳载荷的能力，有时还会降抵抗腐蚀和抗应力腐蚀的能力。夹杂物因其具有不连续性的特征并与周围的成分不同，容易成为应力集中源。

（3）偏析：铸锭中某一特定位置上的成分与平均成分的偏差称为偏析。

锻件可以通过再结晶或将粒状组织打碎以获得较均匀的亚结构，使偏析得到部分排除。但是，对于偏析严重的铸锭，其影响不可能完全消除。

偏析能影响耐蚀力、锻造和连接（焊接）特性、力学性能、断裂韧性和疲劳抗力。在可热处理合金中，成分的变化能对热处理产生意想不到的影响，出现硬点和软点、淬火裂纹或其他缺陷。恶化的程度既取决于合金，也取决于工艺参数。大多数的冶金工艺都是以假定被加工的金属有标称的成分且相当均匀为前提的。

（4）白点：钢锻件中由于氢的存在所产生的小裂纹称为白点（氢白点）。

白点多在高碳钢、马氏体钢和贝氏体钢中出现。奥氏体钢和低碳铁素体钢一般不出现白点。白点是钢锻件中特有的缺陷。

（5）折叠：锻造时将坯料已氧化的表层金属汇流贴合在一起压入工件而造成的缺陷，通常存在于模锻件中。

折叠内表面上的氧化层能使该裂隙内的金属焊合不起来。折叠具有尖锐的根部，会造成应力集中。折叠表面形状与裂纹相似，多发生在锻件的内圆角和尖角处。在横截面上高倍观察，折叠处两面有氧化、脱碳等特征；低倍组织上看出围绕折叠处纤维有一定的歪扭。锻件上出现折叠的原因与工艺参数、模具（模锻时）等有关。

（6）过热：金属由于温度过高或高温下保持时间过长引起晶粒粗大的现象。

（7）过烧：加热温度超过始锻温度过多，使晶粒边界出现氧化及熔化的现象。过烧对锻件静拉伸性能的影响不明显，对疲劳性能影响明显。

（8）裂纹：由于应力作用而产生的不规则的裂缝。裂纹有多种形式：

① 发纹：钢中非金属夹杂物、疏松及气孔变形后沿主伸长方向分布的极微细裂纹。

② 中心裂纹：圆断面坯料在平砧上经小压缩量拔长时，由于变形不均、温度偏低使轴心部分金属沿径向受附加拉应力而引起的裂纹。

③ 角裂：矩形断面坯料在平砧上拔长时，由于变形及温度不均在棱角处产生的裂纹。

④ 龟裂：锻模或锻件表面出现的较浅的龟纹状裂纹。

⑤ 急冷裂纹:坯料加热后,急剧冷却产生内应力,而生成的裂纹。
⑥ 急热裂纹:坯料在加热时,温度急剧上升,产生内应力,而生成的裂纹。

需要指出的是,锻件在后续加工处理过程中,还可能产生热处理工艺缺陷(淬裂、时效裂纹)、机械加工工艺缺陷(磨削裂纹)和表面防护工艺缺陷(氢脆裂纹)。

## 6.3 轧 制

轧制,在轧机上旋转的轧辊之间改变金属的断面形状和尺寸,同时控制其组织状态和性能的金属塑性加工方法:由两个或多个旋转的轧辊组成辊缝或孔型,金属轧件通过轧辊或孔型,在轧辊的压力作用下产生塑性变形,从而获得要求的断面形状并同时改善了金属的性能。

轧制生产效率高,是应用最广泛的塑性加工方法。轧制产品占所有塑性加工产品的90%以上。钢铁、有色金属、某些稀有金属及其合金均可采用轧制进行加工。轧制除能改变金属形状和尺寸外,还可以改善铸锭和连铸坯的初始铸态组织,细化晶粒,改善相的组成和分布状态,因而能提高产品性能。但难变形材料、形状特别复杂的和特长特细的产品不宜采用轧制方法生产,而需采用其他塑性加工方法如锻造、拉拔、挤压等方式生产。

轧制是冶金企业生产钢材和有色金属制品的主要加工方法。

### 6.3.1 轧制方法

按轧制方式,常用的有纵轧、横轧和斜轧(见图6-1)。纵轧时轧件顺长度方向延伸前进;纵轧是冶金工业中最主要的轧制方法。横轧时轧件边延伸边绕纵轴旋转,用于轧制变断面轴材和其他圆断面产品。斜轧时两个轧辊轴线互为一定角度并同向旋转,轧件在轧辊间并作螺旋前进运动;斜轧是轧制管材的主要工艺方法,也用于轧制球体。轧制是金属发生连续塑性变形的过程。

按轧制产品不同,轧制可分为坯料轧制(初轧)、板带箔材轧制、型材和线材轧制、管材轧制以及特殊形状材的轧制如周期断面轧制、车轮轮毂轧制等。

按轧机的布置形式,板带材轧制分为单机架、双机架、半连续式和连续式轧制。型钢和线材轧制可分为一列式、二列式、多列式、顺列跟踪式、棋盘式、半连续式和连续式轧制。

### 6.3.2 轧制产品

钢材轧制系统见图6-3。系统的主要产品有厚钢板、带钢、薄板、箔材、型钢和钢管等。型钢包括常用型钢如方钢、圆钢、扁钢、角钢、工字钢、槽钢等,专用型钢如钢轨、钢桩、球扁钢、窗框钢等,异型断面型钢,周期断面型钢或特殊断面型钢,钢管包括圆管、部分异型钢管及变断面管。

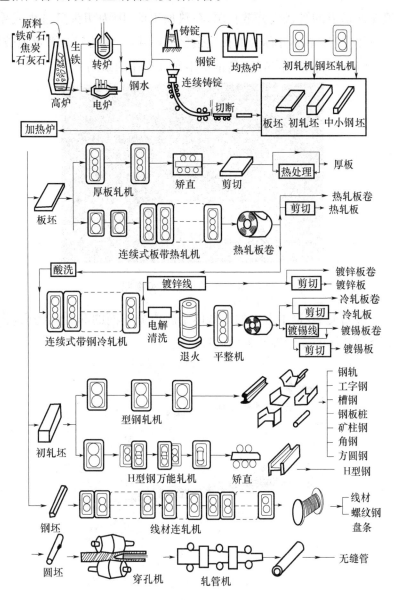

图 6-3 钢材轧制生产系统示意图

有色金属材主要有板、带、箔材及各种管、棒、型、线材。

## *6.3.3　轧制产品缺陷

钢材常见缺陷包括源自铸锭的缩孔残余、非金属夹杂、偏析、疏松、白点;源自轧制工艺及后续加工/处理不当的分层、折叠、结疤、裂纹,及组织缺陷。

（1）缩孔残余:钢水凝固过程中,由于体积收缩,在钢锭或连铸坯心部未能得到充分填充而形成的管状或分散孔洞,在热加工前,因为切头量过小或缩孔过深,造成切除不尽,其残留部分称为缩孔残余(图6-4)。缩孔残余严重地破坏钢材的连续性,在轧制时必然产生裂纹,是钢材不允许存在的缺陷。

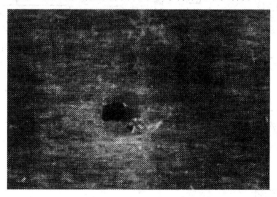

图6-4 车轴钢缩孔实物照片

（2）非金属夹杂:钢中含有的与基体金属成分不同的非金属物质(图6-5)。它破坏了金属基体的连续性和各向同性性能。

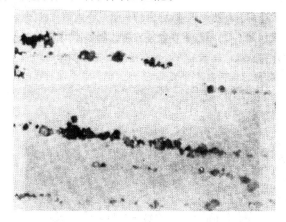

图6-5 钢轨中$Al_2O_3$夹杂聚集金相照片

非金属夹杂按来源可分为内生夹杂、外来夹杂及两者混合物;按颗粒大小可分为亚显微、显微和大颗粒夹杂三种,其颗粒尺寸依次为 $<1\mu m$、$1\sim100\mu m$ 和 $>100\mu m$;按本身性质可分为塑性夹杂和脆性夹杂两种。非金属夹杂对钢材的强度、伸长率、韧性和疲劳强度有不同程度的影响。按使用要求,根据国家非金属夹杂标准评定钢材夹杂级别。钢材中不允许存在严重危害钢材性能的大颗粒夹杂。

（3）偏析:钢材成分的严重不均匀(图6-6)。这种现象不仅包括常见的元素（碳、锰、硅、硫、磷）分布的不均匀,还包括气体和非金属夹杂分布的不均匀性。

图6-6 圆钢碳偏析 X1

偏析产生的原因是钢水在凝固过程中,由于选分结晶造成的。首先结晶出来的晶核纯度较高,杂质遗留在后结晶的钢水中。因此,结晶前沿的钢水为碳、硫、磷等杂质富集。随着温度降低,组织凝固在树枝晶间,或形成不同程度的偏析带。由于偏析在钢锭上出现部位不同和在低倍试片上表现出形式各异,偏析可分为方形偏析、"∧"、"∨"形偏析、点状偏析、中心偏析和晶间偏析等。另外,脱氧合金化工艺操作不当,可以造成严重的成分不均。偏析影响钢材的力学性能和耐蚀性能。严重偏析可能造成钢材脆断,冷加工时还会损坏机械,故超过允许级别的偏析是不允许存在的。

（4）疏松:钢材截面热酸蚀试片上组织不致密的现象(图6-7)。

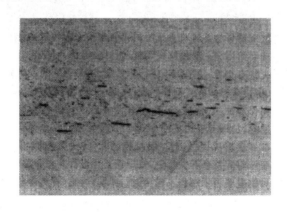

图6-7 钢板疏松横向照片

在钢材横断面热酸蚀试片上,存在许多孔隙和小黑点子,呈现组织不致密现象,当这些孔隙和小黑点子分布在整个试片上时叫一般疏松,集中分布在中心的叫中心疏松。在纵向热酸蚀试片上,疏松表现为不同长度的条纹,但仔细观察或用 8 倍 ~ 10 倍放大镜观察,条纹没有深度。用扫描电镜观察孔隙或条纹,可以发现树枝晶末梢有金属结晶的自由表面特征。钢材在热加工过程中,疏松可大大改善。但当钢锭疏松严重时,压缩比不足或孔型设计不当时,热加工后疏松还会存在。当疏松严重时,钢材的力学性能会受到一定影响。根据钢材使用要求,可以按标准图片评定钢材疏松级别。

(5) 白点:钢材纵、横断面酸浸试片上出现的不同长度无规则的发裂。它在横向低倍试片上呈放射状、同心圆或不规则分布,多距钢件中心或与表面有一定距离。型钢在横向或纵向断口上,呈圆形或椭圆形白亮点(图 6 - 8),直径一般为 3 ~ 10mm。钢板在纵向、横向断口上白点特征不明显,而在 Z 向断口上呈现长条状或椭圆状白色斑点。钢坯上出现白点,经压力加工后可变形或延伸,压下率较大时也能焊合。白点对钢材力学性能(韧性和塑性)影响很大,当白点平面垂直方向受应力作用时,会导致钢件突然断裂。因此,钢材不允许白点存在。白点产生的原因一般认为是钢中氢含量偏高和组织应力共同作用的结果。白点多在高碳钢、马氏体钢和贝氏体钢中出现。奥氏体钢和低碳铁素体钢一般不出现白点。

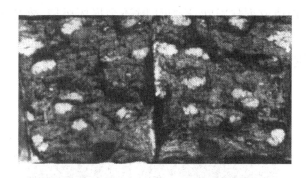

图 6 - 8　板坯白点断口实物 X1

(6) 分层:钢材基体上出现的互不结合的层状结构。分层一般都平行于压力加工表面,在纵、横向断面低倍试片上均有黑线(图 6 - 9),分层严重时有裂缝产生,在裂缝中往往有氧化铁、非金属夹杂和严重的偏析物质。镇静钢钢锭的缩孔和沸腾钢钢锭的气囊及尾孔经轧制不能焊合产生分层,钢中大型夹杂和严重成分偏析也能产生分层。分层严重影响使用,是钢材中不允许存在的缺陷。

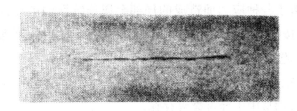

图 6-9　钢板分层

（7）折叠：表现为产品表面层金属的折合分层。外形与裂纹相似，其缝隙与表面倾斜一定角度,常呈直线形(图 6-10),也有的呈曲线形或锯齿形。

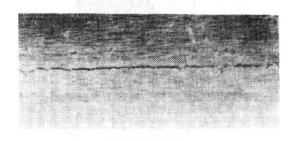

图 6-10　折叠

折叠的分布有明显的规律性，一般是通长地、也有的是局部或断续地分布在产品表面上。折叠内有较多的氧化皮。双层金属折合面有脱碳层，在与金属本体相接触一侧的折合缝壁上，尤为严重。钢管内表面和外表面产生的折叠分别称内折叠和外折叠。产品表面上一般不允许有折叠。折叠的产生与轧制工艺有关。

（8）结疤：钢材表面未与基体焊合的金属或非金属疤块(图 6-11)。有的部分与基体相连，呈舌状；有的与基体不连接，呈鳞片状。后者有时在加工时脱落，形成凹坑。结疤直接影响钢材外观质量和力学性能，产品钢材上不允许结疤存在。

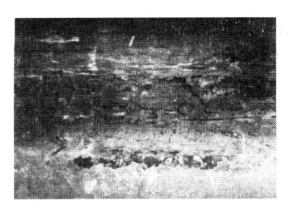

图 6-11　无缝钢管外表面结疤

（9）裂纹：由于各种应力而造成的局部金属连续性的破坏，而形成的各种形状的金属开裂。按裂纹形状和形成原因有多种名称，如拉裂、横裂、裂缝、裂纹、发纹、炸裂(响裂)、脆裂(矫裂)、轧裂和剪裂等。冶炼、轧制、矫直、热处理、酸洗等工艺过程不当都可能造成裂纹。裂纹实例见图6-12。裂纹直接影响钢材的力学性能和耐腐蚀性能，钢材中不允许裂纹存在。

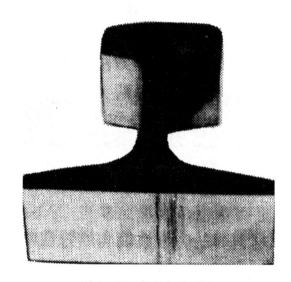

图6-12 钢轨轨底裂纹

（10）组织缺陷：带状组织、过烧组织、晶粒粗大、混晶、过热、网状组织。

# 复 习 题

1. 名词解释：

（1）金属塑性加工。

（2）锻造；自由锻、模锻；锻件；长轴类锻件、饼类锻件。

（3）轧制；纵轧、横轧、斜轧。

（4）金属锻件缺陷中的白点、折叠、过热、过烧、发纹、中心裂纹、角裂。

（5）钢材缺陷中的分层、折叠、结疤、裂纹。

2. 下列说法正确的是（　　）。

    A. 金属塑性加工按温度分为热加工、半热态加工、温加工、冷加工。

    B. 锻造可获得型材。

    C. 按照锻件外形和模锻时毛坯轴线方向与外力方向的关系，模锻件分成长轴类和饼类(短轴类)两大类。

D. 横轧是轧制管材的主要工艺方法。

3. 无损检测常见的锻件缺陷是(　　)

　　A. 缩孔、夹杂物、偏析、白点、分层、过热、过烧、裂纹。

　　B. 缩孔、夹杂物、偏析、白点、折叠、结疤、过烧、裂纹。

　　C. 缩孔、夹杂物、偏析、白点、折叠、过热、疏松、裂纹。

　　D. 缩孔、夹杂物、偏析、白点、折叠、过热、过烧、裂纹。

4. 钢材常见缺陷是(　　)。

　　A. 缩孔残余、非金属夹杂、金属夹杂、疏松、白点；分层、折叠、结疤、裂纹，及组织缺陷。

　　B. 缩孔残余、金属夹杂、偏析、疏松、白点；分层、折叠、结疤、裂纹，及组织缺陷。

　　C. 缩孔残余、非金属夹杂、偏析、疏松、白点；分层、折叠、结疤、裂纹，及组织缺陷。

　　D. 非金属夹杂、偏析、疏松、白点；分层、折叠、结疤、裂纹、发纹，及组织缺陷。

5. 钢中非金属夹杂物、疏松及气孔变形后沿主伸长方向分布的极微细裂纹称为(　　)。

　　A. 发纹。　　B. 纵向裂纹。　　C. 中心裂纹。　　D. 龟裂。

6. 下列关于缺陷的说法，不正确的是(　　)。

　　A. 钢材中的缩孔残余、裂纹、白点、分层、结疤、折叠是不允许存在的缺陷。

　　B. 钢材中的夹杂物、偏析、疏松，可按使用要求，根据国家标准评级。

　　C. 钢材中的夹杂物、分层，可按使用要求，根据国家标准评级。

　　D. 白点产生的原因一般认为是钢中氢含量偏高和组织应力共同作用的结果。

7. 下列关于缺陷的说法，不正确的是(　　)。

　　A. 钢锻件中由于氢的存在所产生的小裂纹称为白点。

　　B. 过烧是指加热温度超过始锻温度过多，引起晶粒粗大的现象。

　　C. 锻件在机械加工中，因磨削热产生的裂纹称为磨削裂纹。

　　D. 发纹缺陷既可以存在于锻件中，也可以存在于钢材中。

8. 下列缺陷中,由于锻造工艺不当造成的缺陷是(　　)。
   A. 白点。　　B. 夹杂。　　C. 咬边。　　D. 折叠。
   E. 淬裂。

9. 下列缺陷中,不属于轧制工艺产生的缺陷是(　　)。
   A. 结疤。　　B. 折叠。　　C. 分层。　　D. 疲劳。

10. 下列缺陷不属于锻件缺陷的是(　　)。
    A. 氢脆。　　B. 过热。　　C. 裂纹。　　D. 偏析。
    E. 缩孔。　　F. 折叠。　　G. 分层。

# 第七章 金属半成品的加工/处理工艺

## 7.1 概 述

一般而言,经铸造、塑性加工、粉末冶金获得的航空零件半成品并不直接使用,而是需要经过随后的加工/处理过程,获得零件成品,进而装配成为部件、产品。

航空工业中,主要的加工/处理工艺有:金属热处理、机械加工/特种加工、表面防护。

## 7.2 金属热处理

金属热处理是用加热和冷却改变固态金属及合金组织和性能的工艺。加热温度、保温时间、变温(冷却)速率和介质的物理化学特性,是金属热处理的四个基本工艺参数。将工件按预定的"温度-时间"曲线进行加热和冷却,就可使组织和结构改变到预定状态,完成变性任务。如果还对介质的物理化学特性进行某种调控,则还可收到其他变性效果,如改变表面层的化学成分和组织、结构,使表层具有特殊性能。

航空金属零件,包括钢、高温合金、钛合金、铝合金零件等,通常都要经过热处理。

钢的大多数热处理工艺可以归入下列四大类:

(1)一般热处理(又称基础热处理):改变微观组织结构,但不以改变化学成分为目的的热处理。可分为退火和正火、淬火和固溶处理、回火和时效三类。

(2)化学热处理:改变工件表层化学成分和组织结构,也可同时改变工件内部组织结构的热处理。根据渗入元素的不同,常用的化学热处理方法分为三类:渗入非金属元素(如渗碳、渗氮、碳氮共渗等)、渗入金属元素(如渗铝、渗铬、铝铬共渗等)和金属与非金属共渗(如钛碳共渗、钛氮共渗等)。

(3) 表面热处理:物性变化仅发生在表面的热处理。除部分化学热处理外,还有表面淬火。

(4) 其他:除热(升降温)和化学的方法之外,再加上其他特殊手段的热处理。有形变热处理、真空热处理、控制气氛热处理、激光热处理、磁场热处理、离子态化学热处理(如离子渗碳、离子渗金属)等。

无损检测常见的钢的热处理工艺缺陷是淬火裂纹。

## 7.3 机械加工/特种加工

机械加工一般指材料的切削加工。即利用刀具在切削机床上(或用手工)将工件上多余材料切去,使它获得规定的尺寸、形状、所需精度和表面质量的方法。

传统的机械加工方法有车削、铣削、刨削和磨削等。随着工业的发展,机械加工的范畴也有所扩大。为解决难加工材料的加工,创造了不少特种加工方法。由于各种非金属材料在机械中的应用,所以也扩展到非金属材料的加工。数控加工工艺和计算机辅助设计等新技术的应用,已得到迅速发展。

目前,机械加工的精度日益提高。高精度外圆磨削时,工件的椭圆度可达 $0.10\mu m$,表面粗糙度 $0.01\mu m$;而高精度精密车削时,椭圆度可达 $0.04\mu m$;坐标镗床的定位精度可达 $1\sim2\mu m$;高精度平面磨削的平面度可达到 $1.5\mu m/1000mm$,而特别精密的研磨,可制出精度达 $\pm0.05\mu m$ 的块规等量具。

航空工业中,机械加工占有较大的比重。由于飞机和主导民用产品结构复杂、精度要求高、难加工材料的比重大,故在精加工、仿形和成形加工方面,对工艺方法、机床设备、刀具材料及几何参数、检测手段及其他工业装备等都有较高的要求。

特种加工是传统机械加工方法以外的各种加工方法的总称。它直接利用电能、热能、声能、光能、化学能和电化学能,有时也结合机械能对工件进行加工。多用于加工具有特殊性能的材料,如硬度高、韧性大、耐高温、易脆裂的材料,或易于受结构的限制,难于进行传统方法加工的零部件。

特种加工方法在航空工业中应用很广,如飞机壁板的化学铣切、钛合金及复合材料板件的激光切割、发动机涡轮叶片型面的电解加工、模具的电脉冲加工、发散冷却零件的激光打孔、动压支承吸气槽的离子溅射腐蚀等。

航空工业中,目前比较常见的特种加工大致可分为:

(1) 放电加工:包括电火花或电脉冲加工、线电极切割、电火花共轭加工、导电磨和阳极机械加工等；

（2）电化学加工：包括电解加工、电解磨削和电解研磨等；

（3）激光加工：包括激光打孔和激光切割等；

（4）超声加工：包括超声打孔、超声切割和超声研磨等；

（5）电子束加工：包括电子束打孔等；

（6）离子加工：包括等离子切割和离子溅射腐蚀等；

（7）化学加工：包括化学铣切和机械化学研磨等；

（8）其他：包括喷丸加工、液体吹砂、喷水切割和照相腐蚀等。

无损检测常见的加工缺陷是磨削裂纹。

## 7.4 表面防护

使金属材料及其制品表面形成防护层或保护膜的各种表面加工技术，称为表面防护。表面防护工艺已成为航空金属构件的防护措施之一。材料与周围介质的相互作用都是从表面开始的，金属的腐蚀也都始于表面，因此表面防护是保护金属免遭腐蚀的行之有效的措施，也是应用最广泛的金属防护技术。

金属表面防护技术的种类很多，原理不一，适用范围各异。根据所采用的工艺原理和特点，它大体分为表面处理、表面改性和表面镀涂等三类：

（1）表面处理：通过机械、化学或电化学等处理技术使金属表面具有一定耐蚀性能。常用的工艺有表面预处理、喷丸、抛光、化学转化处理、阳极氧化（阳极化）、金属着色等。

表面处理的主要目的是：提高材料的耐腐蚀性、耐磨损性、改善材料表面的应力状态、获得各种特定的性能、产品装饰等。

（2）表面改性：通过改变材料表面组织或化学成分使金属表面获得防蚀性能的工艺。一般指利用激光束、离子束、电子束进行材料表面加工的工艺技术。激光釉化、离子注入、离子束混合是最为典型的三种表面改性技术。

（3）表面镀涂：通过镀涂工艺使金属表面获得防护镀涂层用于金属防蚀的技术。镀涂层厚度可以薄至微米级，也可厚至几毫米。

镀涂工艺主要有电镀、刷镀、电泳沉积、化学镀、热浸镀、渗镀、熔结、热喷涂、化学气相沉积、物理气相沉积、搪瓷、陶瓷涂覆、有机涂料涂覆等。

无损检测常见的典型表面镀涂缺陷是氢脆裂纹。

## 复 习 题

1. 名词解释：

(1) 金属热处理；一般热处理、化学热处理、表面热处理、其他热处理。

(2) 机械加工；特种加工。

(3) 表面防护；表面处理、表面改性、表面镀涂。

2. 以下关于金属半成品的加工/处理工艺缺陷的说法，不正确的是( )。

    A. 无损检测常见的钢的热处理工艺缺陷是淬火裂纹。

    B. 无损检测常见的加工缺陷是磨削裂纹。

    C. 无损检测常见的典型表面镀涂缺陷是氢脆裂纹。

    D. 以上都不对。

# 第八章 金属焊接与熔焊接头缺陷

## 8.1 概 述

金属焊接是通过加热或加压,或两者兼用,并且用或不用填充材料,使工件达到结合的一种方法。或者说,金属焊接是通过一定的物理、化学过程,使被焊金属间达到原子(或分子)间结合的工艺手段。被焊金属可以是同种金属或异种金属。

由于材料的焊接性不同,各类材料对焊接加工的适应性亦有所不同。有的材料适宜于多种焊接工艺,有的材料只宜采用某些焊接工艺,有的材料只能采用特种焊接工艺,而有的材料甚至不能焊接。

焊接工艺已成为航空产品金属构件的主要加工方式之一,所采用的焊接方法几乎包括了现有的各类焊接工艺方法。采用焊接工艺的金属材料品种繁多,从黑色金属到有色金属,从变形材料、铸件到粉末冶金材料等,一般分为低碳钢、合金结构钢、不锈钢、高温合金、铝合金、钛合金和铜合金七类。

焊接与其他连接方法相比,主要优点是节省材料、减轻结构重量、提高生产效率、降低成本、改善接头质量等。

根据加热和加压方式的不同,通常将金属焊接方法分为熔焊、压焊和钎焊三大类。

熔焊时,在熔化金属、熔渣和气相之间进行一系列的化学冶金反应。这些反应直接影响焊缝金属的成分、组织和性能。在焊缝冷却时,将发生结晶和相变,对于某些金属材料还会发生固态相变。由于焊接是快速连续冷却,受局部约束应力作用,使焊缝金属的结晶和相变具有与一般冶金过程不同的特点;与此同时,焊接热影响区各地经受不同的热循环,各点发生不同的组织转变,使某些材料产生硬化或软化。

熔焊过程中或焊后在焊缝金属或焊接热影响区中可能产生的缺陷有:裂纹;孔穴;固体夹杂;未熔合和未焊透;形状缺陷及上述缺陷以外的其他缺陷。

## 8.2 熔焊方法

焊接过程中将被连接工件接头处加热至熔化状态（有时需加填充焊接材料，一同熔化），在不施加压力情况下完成焊合的焊接方法。一切熔化焊接都是热源对焊件加热、熔化及随后的连续冷却与凝固并形成接头的过程。

航空工业应用的熔焊方法如表8-1所列。

### 8.2.1 电弧焊

利用两电极间或电极与基体材料之间建立的电弧作热源来熔化金属的一种焊接方法称为电弧焊。

两电极间的气体电离后，在电场作用下，产生强烈而持续的放电现象形成电弧。其弧柱温度可达5000～8000℃，是焊接所用的主要热源之一。

电弧焊的电极可以是钨极，也可以是熔化极（焊丝等作电极）；保护方式可以是惰性气体（如氩气）保护，也可以是非惰性气体（如$CO_2$）保护，还可以采用埋弧焊保护方式；电源分直流、交流、及脉冲电源；工艺可采用手动、半自动与全自动方式。因而电弧焊可分成很多种焊接方式。

手工钨极氩弧焊（图8-1）是电弧焊的典型代表。它是采用钨极作为电极，利用氩气作为保护气体进行焊接的一种气体保护焊方法。通过钨极与工件之间产生电弧，利用从焊枪中喷出的氩气流在电弧区形成严密封闭的气层，使电极和金属熔池与空气隔离，以防止空气的侵入。同时利用电弧产生的热量来熔化基体金属和填充熔丝形成熔池。液态金属熔池凝固后形成焊缝。由于氩气是一种惰性

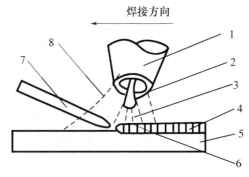

图8-1 钨极氩弧焊示意图

1—喷嘴；2—钨极；3—电弧；4—焊缝；5—工件；6—熔池；7—焊丝；8—氩气。

表8-1 熔焊方法分类、特点及在航空工业中的应用

| 方法分类 | | | | 特 点 | 在航空工业中的应用 |
|---|---|---|---|---|---|
| 电能 | 手弧焊 | | | (1) 焊条有还原、脱硫、脱磷、渗合金作用，性能好；<br>(2) 操作灵活，适于焊接各种不规则焊缝 | 主要用于低合金高强度钢制各种受力件，如起落架、气瓶、作动筒、接头等 |
| | 埋弧焊 | | | (1) 焊缝质量高，主要用于钢的焊接；<br>(2) 焊缝是均匀稳定，性能优良；<br>(3) 适于长焊缝、平焊缝，大直径筒形件环形焊缝 | 用于各种气瓶、大直径作动筒、支柱的环形焊缝 |
| | 电弧焊 气体保护电弧焊 | 钨极氩弧焊 | | (1) 电弧稳定，保护效果最好，焊缝质量好；<br>(2) 电极是钨电极，可控制熔池温度；<br>(3) 交直流都可以，可焊各种金属与合金；<br>(4) 对焊前清洗要求严格 | 用于焊接不锈钢、高温合金、铝合金、镁合金、铜合金、钛合金及铝、铝等合金制件，应用最广 |
| | | 熔化极氩弧焊 | | (1) 焊接速度高，没熔渣，变形小；<br>(2) 可焊薄、厚工件，适用范围广；<br>(3) 焊缝质量高，焊接氢量低，适于程控焊接；<br>(4) 适于自动焊及手工焊，适于各种位置焊接 | 用于焊接高温合金、铝合金、不锈钢等合金制件 |
| | | 熔化极气体保护焊 | 二氧化碳气体保护焊 | (1) 能量集中，热影响区小，焊接变形小；<br>(2) 熔池温度集中，利用小孔效应可一次不加焊丝焊5mm厚钢板、钛板；<br>(3) 电弧稳定，可焊0.1mm厚的薄板 | 用于焊接厚度小于2.5～6mm的不锈钢及钛合金制件 |
| | 等离子弧焊 | | | (1) 焊缝质量高，无氧化，无氮化，氢的侵害；<br>(2) 能量集中，可焊薄及极厚的各种金属；<br>(3) 变形小 | 用于焊接厚度小于0.3～6mm的低碳钢、低合金钢制件 |
| | 真空电子束焊 | | | (1) 高能量密度，可焊物理性能相差较大的材料；<br>(2) 可借助反射镜使光束射到难以施焊的部位；<br>(3) 可获得熔小（φ0.13mm）的光斑，焊件热影响区大，焊接变形大 | 用于焊接高强度钢、不锈钢、耐热钢、钛合金、铝合金制件、精密焊件 |
| 光能 | 激光焊 | | | (1) 能量密度低，热源温度低，焊件热影响区小；<br>(2) 不用电源，可在无电源的野外作业；<br>(3) 焊件薄，熔池温度易控制 | 可焊微型器件、精密焊件、热敏组件、弹性组件 |
| 化学能 | 气焊 | | | (1) 能量密度低，热源温度低，焊件热影响区大；<br>(2) 不用电源，可在无电源的野外作业；<br>(3) 可焊薄件，熔池温度易控制 | 用于低碳低合金钢薄板零件及铝合金薄板零件的焊接、铸件补焊 |

气体,不与金属起化学反应,所以能充分保护金属熔池不被氧化。同时,氩气在高温时不熔于液态金属中,焊缝不易生成气孔。因此,氩气的保护作用是有效和可靠的,可以获得较高的焊缝质量。电弧焊设备简单,操作方便,被广泛用于金属结构件的焊接。

### 8.2.2 电子束焊

电子束焊是以会聚的高速电子流轰击工件处所产生的热能使金属熔合的一种焊接方法。其原理如图 8-2 所示。发射材料(灯丝)加热后,由于热发射作用表面发射电子,阳极与阴极间较高的电压使电子以高速穿过阳极孔射出,并通过聚焦线圈使电子束流聚成 $\phi 0.8\sim3.2\mathrm{mm}$ 的一点而射到工件上,在撞击工件后部分动能转化为热能,使工件熔化,形成焊缝。

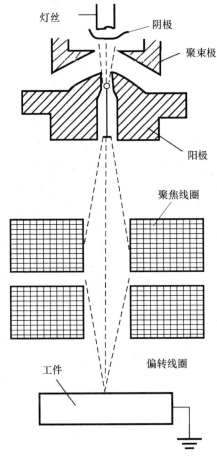

图 8-2 电子束焊示意图

电子束焊的特点是功率密度高、穿透能力强、焊接速度快、焊缝深宽比大、焊接接头强度高、变形小、热影响易于自动控制。主要用于焊接结构钢、耐热钢、铝合金和一些难熔金属、易氧化金属。对薄至 0.1mm 的膜盒,厚至 300mm 的大型构件均可施焊。

电子束焊在飞机机体的重要应用包括钛合金机翼大梁、机翼壁板、长桁蒙皮壁板,及高强度钢起落架构件、尾翼平尾转轴、300M 超高强度钢起落架等。F-14 战斗机钛合金中央翼盒是典型的电子束焊接结构。该翼盒长 7m、宽 0.9m,整个结构由 53 个 TC4 钛合金件组成,共 70 条焊缝,用电子束焊接而成。焊接宽度 12~57.2mm,全部焊缝长达 55m。电子束焊接使整个结构重量减重 270kg。

在航空发动机上的应用包括风扇转子组件、中压转子组件、高压压气机转子组件。材料涉及钛合金及镍基高温合金等。

## 8.3 熔焊接头

金属焊接接头可定义为由两个或两个以上零件要用焊接组合或已经焊合的接点。

金属焊接接头的主要作用是:连接作用,即把被焊工件连接成一个整体;传力作用,即传递被焊工件所承受的载荷。

金属焊接接头的构造形式可分为对接接头、T形(十字)接头、搭接接头、角接接头和端接接头五种基本类型,见图 8-3。熔焊可采用图 8-3 所示的所有接头构造形式,但应根据接头用途和受力情况选择最佳接头构造形式。

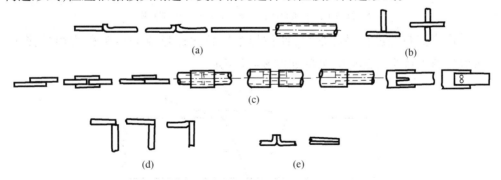

图 8-3 焊接接头的基本类型

(a) 对接接头;(b) T形(十字)接头;(c) 搭接接头;
(d) 角接接头;(e) 端接接头。

为保证母材(被焊金属材料的总称)施焊后能完全熔合,焊前应根据设计或工艺需要,在焊件的待焊部位加工并装配成一定几何形状的沟槽。这种沟槽称为坡口。根据工件厚度、焊接方法、接头形式和要求不同,可采用不同的坡口形式。常见对接和角接接头的坡口形式如图8-4所示。V形坡口各部分的名称如图8-5所示。

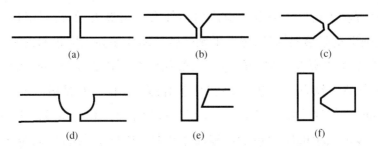

图8-4 焊接坡口形式

(a) 直边;(b) V形;(c) X形;(d) U形;
(e) 单V形;(f) K形。

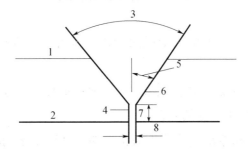

图8-5 V形坡口各部分名称

1—表面;2—背面;3—坡口角;4—根部面(钝边);
5—倾斜角;6—坡口面;7—根部高度;8—根部间隙。

采用高温热源进行局部加热,使被焊金属熔化而形成的接头称为熔焊接头。V形坡口熔焊接头各部分的名称如图8-6所示。

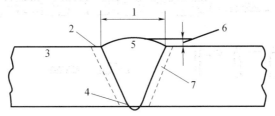

图8-6 V形坡口熔焊接头各部分名称

1—焊缝宽度;2—焊趾;3—母材;4—焊根;
5—焊缝金属;6—余高;7—热影响区。

熔焊接头由焊缝金属区、熔合区和热影响区构成,如图8-7所示。

焊缝金属区(如图8-7中的WM)是指母材和填充金属熔合成一体的部分,或(不加填充金属时)母材熔化而又凝固的部分。填充金属的熔焊焊缝区包括填充金属与母材金属完全均匀混合的焊缝金属(富焊条部分,如图8-7中的1),和母材金属与填充金属不完全混合的焊缝金属的外测部分(富母材部分,如图8-7中的2)。

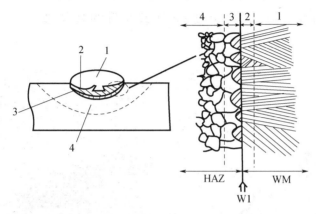

图8-7 熔焊接头结构示意图

1—焊缝区(富焊条部分);2—焊缝区(富母材部分);3—熔合区(母材半熔化区);
4—真实热影响区;HAZ—热影响区;W1—实际熔合线;WM—焊缝金属。

热影响区是焊接过程中,焊缝两侧母材因受热(但未熔化)的影响发生金相组织和力学性能变化的区域,如图8-7中的4。

熔合区是指焊缝与母材(热影响区)相互过渡的区域,即熔合线处微观显示的母材半熔化区。半熔化区是焊缝边界的外测母材,晶粒边界有不同程度的熔化(0~100%)部分;或者说,半熔化区是焊缝边界的固液两相交错地共存而又凝固的部分,如图8-7中的3。

焊缝区与热影响区之间的明显的完全熔化边界称为熔合线(焊接边界,如图8-中的W1);熔合线是焊缝金属与母材的分界线,是焊接接头横截面上,宏观腐蚀所显示的焊缝轮廓线。

## *8.4 熔焊接头缺陷

熔焊缺陷是熔焊过程中或焊后在焊缝金属或焊接热影响区中产生的缺陷。

按缺陷性质,可将熔焊缺陷分为6大类:裂纹;孔穴(气孔、缩孔);固体夹杂

（夹渣、氧化物夹杂、皱褶和金属夹杂）；未熔合和未焊透；形状缺陷（咬边、焊瘤、烧穿、凹坑等）及上述缺陷以外的其他缺陷。

**1. 裂纹**

焊接裂纹是焊接过程中或焊后，在焊接应力及其他致脆因素共同作用下，焊接接头中局部地区的金属原子结合力遭到破坏而形成的新界面所产生的缝隙。它具有尖锐的缺口和大的长宽比的特征。焊接裂纹分为微观裂纹、纵向裂纹、横向裂纹、放射状裂纹、弧坑裂纹、间断裂纹群和枝状裂纹。如图8-8～图8-11所示。

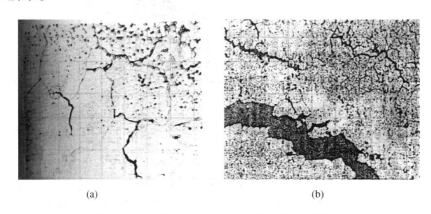

图8-8 高温合金钨极氩弧焊热影响区裂纹

(a) 液化裂纹（GX99合金）200×；(b) 应变时效裂纹（GH141合金）100×。

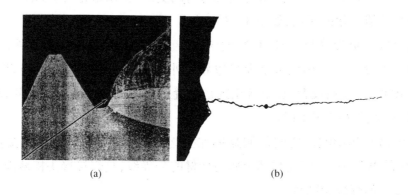

图8-9 热影响区裂纹缺陷

(a) 显示裂纹的焊缝和热影响区照片；(b) 显示图(a)中裂纹的显微照片。

按形成原因或性质，焊接裂纹又可分为热裂纹、冷裂纹和消除应力裂纹等。

热裂纹：焊接过程中，焊缝和热影响区金属冷却到固相线附近的高温区产生的焊接裂纹。在焊缝收弧弧坑处产生的热裂纹称为弧坑裂纹。弧坑裂纹可能是

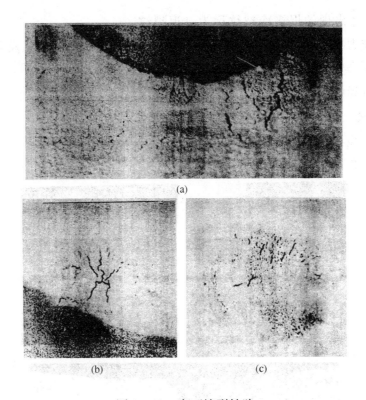

图8-10 表面缩裂缺陷

(a) 热影响区横向裂纹；(b) 典型的星形焊口裂纹；(c) 焊缝终端的缩裂。

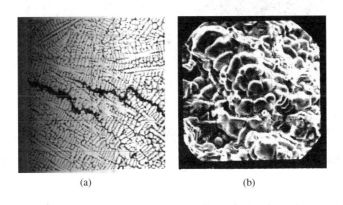

图8-11 高温合金钨极氩弧焊焊缝金属的凝固裂纹

(a) 焊缝金属凝固裂纹100×；(b) 裂纹断口形貌。

纵向的、横向的或星形的。

冷裂纹：焊接接头冷却到较低温度下（对于钢来说在 Ms 温度以下）时产生的焊接裂纹。钢的焊接接头冷却到室温后并在一定时间（几小时、几天、甚至十几天）才出现的焊接冷裂纹称为延迟裂纹。

消除应力裂纹：焊后焊件在一定温度范围再次加热时由于高温及残余应力的共同作用而产生的晶间裂纹。

在所有焊接缺陷中，裂纹是最严重的，因而是不能容忍的。

### 2. 孔穴

包括气孔与缩孔

（1）气孔，如图 8 – 12 所示。

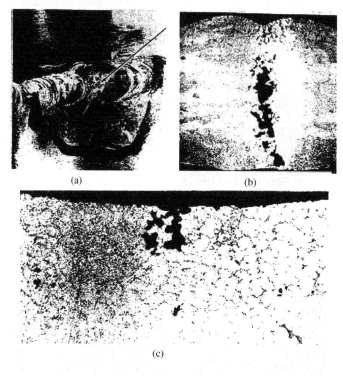

图 8 – 12 气孔缺陷

(a) 典型的表面气孔；(b) 显示延伸的气孔横断面；(c) 显示典型气孔的横断面显微照片。

焊接时，熔池中的气泡在凝固时未能析出而残留下来所形成的空穴称为气孔。

气孔可分为球形气孔、均布气孔、局部密集气孔、链状气孔（在焊缝金属内部，沿着焊缝纵向发生的没有固态金属材料的线状气囊或密集空穴）、条形气孔、虫形气孔和表面气孔。

（2）缩孔：熔化金属在凝固过程中因收缩而产生的、残留在熔核中的空穴。缩孔可分为结晶缩孔、微缩孔、枝晶间微缩孔、弧坑缩孔。

### 3. 固体夹杂

包括夹渣、氧化物夹杂、皱褶和金属夹杂,如图 8-13 所示。

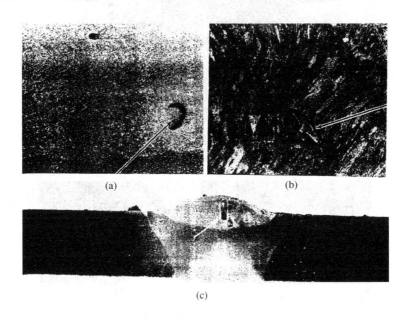

图 8-13 夹杂缺陷

(a) 金属夹杂;(b) 焊缝中夹杂;(c) 显示焊缝内部夹杂的横断面。

(1) 夹渣:焊后残留在焊缝中的焊渣。根据其形状,可分为线状的、孤立的和其他形式的夹渣。

(2) 氧化物夹杂:凝固过程中在焊缝金属中残留的金属氧化物。

(3) 皱褶:在某些情况下,特别是铝合金焊接时,由于对焊接熔池保护不好和熔池中紊流而产生的大量氧化膜。

(4) 金属夹杂:残留在焊缝金属中的来自外部的金属颗粒,可能是钨、铜或其他元素。

### 4. 未熔合与未焊透

(1) 未熔合:焊缝金属与附近的母材没有熔为一体或焊缝金属的层间未完全熔化结合的部分。它可以分为侧壁未熔合、层间未熔合和焊缝根部未熔合。

(2) 未焊透:焊接时接头根部未完全熔透的现象,如图 8-14 所示。

接头根部是指组成接头两零件最接近的那一部位。

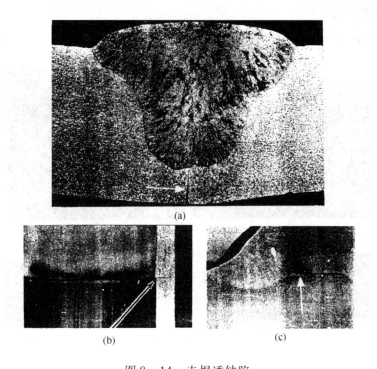

图 8-14 未焊透缺陷

(a) 根部未焊透；(b) 焊管根部未充分焊透；(c) 内角处未充分焊透。

**5. 形状缺陷**

焊缝的表面形状与原设计几何形状有偏差。常见的有咬边、焊瘤、烧穿、凹坑。

(1) 咬边:在母材金属表面上造成的焊趾(或焊根)处的沟槽。咬边可能是连续的,或间断的。

(2) 焊瘤:焊接过程中,熔化金属流淌到焊缝之外未熔化的母材上所形成的金属瘤。

(3) 烧穿:焊接过程中,熔化金属自坡口背面流出形成的穿孔缺陷。

(4) 凹坑:焊后在焊缝表面或焊缝背面形成的低于母材表面的局部低洼部分。

**6. 其他缺陷**

不能包括在 1.~5. 类缺陷的其他缺陷。

# 复 习 题

1. 名词解释:

(1) 金属焊接;熔焊,电弧焊、电子束焊。

(2) 金属焊接接头；熔焊接头。

(3)（熔焊缺陷中的）裂纹；气孔、缩孔；夹渣、氧化物夹杂、皱褶、金属夹杂；未熔合、未焊透；咬边、焊瘤、烧穿、凹坑。

2. 描述手工钨极氩弧焊的基本工艺。

3. 简述电子束焊的基本原理。

4. 图示 V 形坡口熔焊接头各部分的名称。

5. 图示熔焊接头的结构，就焊缝金属区、熔合区、热影响区作出简要说明。

6. 下列关于焊接的说法，不正确的是（　　）。

   A. 金属焊接分为熔焊、压焊、钎焊。

   B. 焊接接头分为焊缝区、熔化区、热影响区。

   C. 弧焊以高温电弧作为热源。

   D. 手工钨极氩弧焊以氩气作为保护气体。

7. 下列关于焊接的说法，不正确的是（　　）。

   A. 一切熔化焊接都是热源对焊件加热、熔化及随后的连续冷却与凝固并形成接头的过程。

   B. 熔焊接头可定义为由两个或两个以上零件要用熔焊组合或已经焊合的接点。

   C. 焊前根据设计或工艺需要，在焊件的待焊部位加工并装配成一定几何形状的沟槽称为坡口。

   D. 金属焊接接头的主要作用是连接作用和传力作用。

8. 下列缺陷中，由于熔焊工艺不当造成的缺陷是（　　）。

   A. 白点　　B. 腐蚀　　C. 咬边　　D. 折叠

   E. 淬裂

9. 下列缺陷中，不可能由熔焊工艺产生的缺陷是（　　）。

   A. 未焊透　　B. 夹杂　　C. 分层　　D. 缩孔

   E. 未熔合

10. 下列关于焊接的说明中，不正确的是（　　）。

    A. 所有焊接裂纹只可存在于焊缝金属中。

    B. 熔焊缺陷是熔焊过程中或焊后在焊缝金属或焊接热影响区中产生的缺陷。

    C. 钢的焊接接头冷却到室温后一定时间（几小时、几天、甚至十几天）才出现的焊接冷裂纹称为延迟裂纹。

    D. 未熔合可以分为侧壁未熔合、层间未熔合和焊缝根部未熔合。

# 第九章 金属结构件胶接

## 9.1 金属胶接

利用胶粘剂与被粘金属表面间的粘附力,使金属被粘物连接成为一个整体,并具有一定力学性能的方法,称为金属胶接。主要利用胶接方法制成的金属飞机结构,称为飞机金属胶接结构。

金属胶接结构的胶接接头(见图9-1)由胶粘剂与被粘物表面借助粘附作用形成。被粘物表面与胶粘剂之间形成一个复杂的界面层。界面层由被粘物表面层(如金属氧化物)及其吸附层(如空气、水、杂质)、靠近被粘物表面的底胶及胶组成。

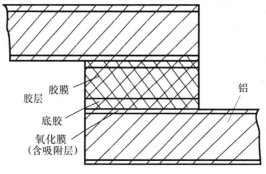

图9-1 胶接接头界面层示意图

飞机金属胶接结构的被粘物主要是作为飞机主要结构材料的铝合金,还有用于飞机耐高温部分的钛合金(TC4等)、用于有耐腐蚀要求部位的耐蚀钢(0Cr17Ni7Al、0Cr15Ni7Mo2Al等)。

目前,机械连接(铆接、螺接)、焊接及胶接已经并列成为现代飞机制造的三大连接技术。

## 9.2 金属胶接结构分类

飞机金属胶接结构包括蜂窝胶接结构、钣金胶接结构、复合胶接结构三种类型,如图9-2所示。

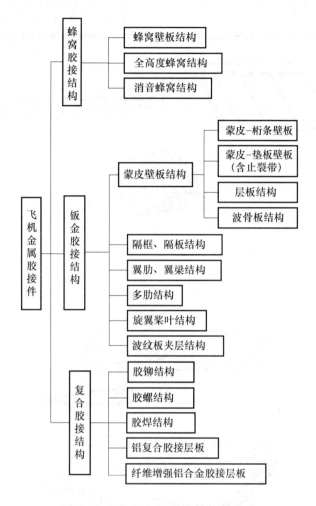

图 9-2 飞机金属胶接结构件分类

金属钣金胶接结构(见图9-3)是飞机胶接结构的主要形式之一,应用范围广泛。典型应用有机翼大梁、壁板及整体油箱、尾翼、机身等主要受力构件及口盖、口框、加强板等非主要受力构件等。

蜂窝胶接结构(简称蜂窝结构,见图9-4)主要由两层铝合金薄面板(蒙皮)中间夹以蜂窝芯材(夹芯)用胶粘剂连接而成。这种结构可达到减轻结构重量、提高结构弯曲强度、充分利用材料的结果。蜂窝结构在飞机上应用较广,如翼面、舵面、壁板、地板、隔板、腹板、舱门、整流罩、口盖以及直升机桨叶后段等。

复合胶接结构是胶接与其他连接技术结合形成的结构,如胶铆结构、胶螺结构、胶焊结构等。

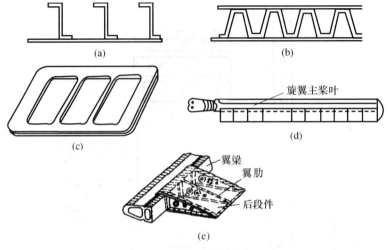

图 9-3 飞机钣金胶接结构示意图

(a) 蒙皮桁条胶接壁板；(b) 波纹板夹层结构；
(c) 蒙皮—垫板胶接壁板；(d) 旋翼主桨叶及后段件。

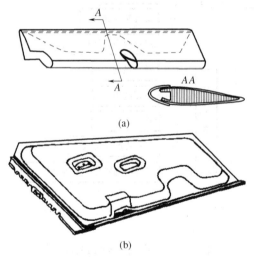

图 9-4 飞机蜂窝胶接结构示意图

(a) 全高度蜂窝结构；(b) 蜂窝壁板。

## 9.3 金属胶接工艺流程

金属胶接的典型工序如下：

(1) 预装配：对被粘件的胶接部位进行组合装配，保证胶接表面之间贴合良好，能形成一定厚度的胶层。

(2) 胶接表面处理：对被粘物胶接表面作专门处理，以保证获得良好的胶接性能。

（3）配胶：多组分胶粘剂在使用前需要专门配制，或是调整胶液浓度，使之便于施工并控制胶量。

（4）胶粘剂涂布：对胶接表面涂布胶粘剂，包括喷（涂）底胶及敷贴胶膜。

（5）装配：胶接零件按要求装配组合，并作好固化前封装准备。通常采用真空封装，即用真空袋薄膜借助密封胶带将已经组装好的待固化胶接件及其工艺辅助铺层封装在胶接模具上，形成一个密封的真空系统。

（6）固化：树脂胶粘剂需要在加热加压条件下完成固化过程，形成牢固的胶接接头连接。固化工艺参数包括固化压力、温度和时间。固化方法可分为热压罐、热压机、加热炉（烘箱）三大类。

（7）检验：对胶接制件进行全面质量检验，包括外形及胶接质量检验。检验方法有目视检验、力学性能测试、无损检测及特种要求试验等。

（8）修补：对胶接制件在生产或使用中暴露的缺陷，有的允许修补合格后使用。

## 9.4 金属胶接结构缺陷

金属蜂窝胶接结构的主要胶接缺陷包括脱粘、弱胶接、芯子缺陷（芯格鼓胀开胶、芯格横向压缩、芯材压缩或断裂、芯格积水、芯格夹杂物）、发泡胶发泡质量差。金属蜂窝胶接结构中的板—板胶接的缺陷特征与钣金胶接结构中板—板胶接的缺陷相同。

金属钣金胶接结构在制造过程中容易出现的主要缺陷有脱粘、气孔、疏松、弱粘接、胶缝过厚或不均匀、胶缝过烧或过软、外来夹杂物。

## 复 习 题

1. 名词解释：
（1）金属胶接。
（2）飞机金属胶接结构。
2. 简述金属胶接结构的分类。
3. 简述金属胶接工艺流程。
4. 说出金属蜂窝胶接结构的主要胶接缺陷名称。
5. 说出金属钣金胶接结构的主要缺陷名称。

# 第十章　聚合物基复合材料制件的成形与胶接

## 10.1　聚合物基复合材料制件的成形

聚合物基复合材料的特点之一是其制件可以整体成形,而且复合材料的制造实际上是在其制品成形过程中完成的。

复合材料制件的成形方法,一般是依据制件的形状、结构和使用要求,结合材料的工艺性能来确定的。目前已应用的成形方法很多。在航空复合材料制件中,常用的成形方法主要有热压罐层压法、RTM(树脂传递模塑)法和缠绕法(连续纤维缠绕成形法)。

热压罐层压法(见图10-1)是成形外形结构复杂的先进复合材料的典型方法,其典型工艺是把预浸无纬布按纤维的各种规定角度在模具上铺层至规定的厚度,然后经覆盖薄膜、形成真空袋再送入热压罐中加热加压固化而成。

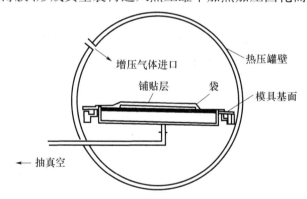

图10-1　热压罐层压法示意图

缠绕法则适宜于制造回转构件,其典型工艺是用专门的缠绕机(见图10-2),把浸渍过树脂的连续纤维或布带,在严格的张力控制下,按照规定的线型,有规律地在旋转芯模上进行缠绕铺层,然后固化和卸除芯模,获得制品。

RTM法(见图10-3)也适宜于成形外形结构复杂的制件,只是它的成形方法

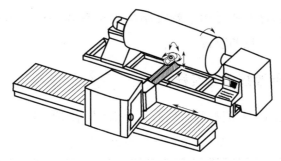

图 10-2 缠绕机的运动示意图

与热压罐法根本不同,其典型工艺是在模具的模腔内预先放置增强预成体材料和镶嵌件,闭模后将树脂通过注射泵传输到模具中浸渍增强纤维,并加以固化,最后脱模制得成品。

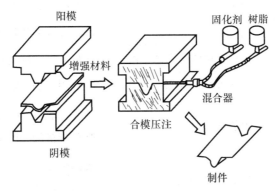

图 10-3 RTM 工艺原理图

在复合材料成形中不管采用何种方法,增强纤维的排列(即铺层方法)和固化工艺的控制是制件质量的两个关键步骤。

## 10.2 聚合物基复合材料制件的胶接

### 10.2.1 复合材料胶接

通过粘附作用,能使被粘物结合在一起的物质称为胶粘剂。利用胶粘剂与被粘物表面间的粘附力,使两个或多个被粘物之间连接成为一个不可拆卸的整体,并具有一定力学性能的方法,称为胶接。用于连接复合材料结构的胶接技术称为复合材料胶接技术。复合材料胶接技术是复合材料最重要的连接技术。

### 10.2.2 复合材料胶接结构分类

复合材料胶接结构的分类与金属胶接结构件的分类类似,可分为板—板胶接和板—芯胶接两类,这主要是由于蜂窝结构胶接有其特点。其实,在蜂窝结构胶接中,也同时存在板与板的胶接。

### 10.2.3 复合材料胶接工艺流程

复合材料胶接的工艺流程与金属胶接类似(见表 10-1)。

表 10-1 复合材料胶接工艺流程

| 流程序号 | | 工艺流程名称 | 工 作 内 容 |
|---|---|---|---|
| 被胶接件前期准备 | | 参与胶接的复合材料件准备 | 共固化:被粘接复合材料件在胶接前完成预浸料叠层块的叠装 |
| | | | 二次胶接:被粘接复合材料件在胶接前完成固化成形 |
| | | 参与胶接的蜂窝芯子准备 | 蜂窝芯子下料、拼接及机械加工 |
| | | 胶接剂材料制备 | 胶接剂配制、胶膜下料 |
| 胶接工序 | 1 | 预装配 | 对参与胶接的零件进行组合装配,调整胶接配合间隙 |
| | 2 | 胶接表面准备 | 清理胶接表面污染,营造适合于胶接的表面状态 |
| | 3 | 胶接剂涂敷 | 喷底漆、贴胶膜或刮涂糊状胶 |
| | 4 | 装配及封装 | 对胶接构件完成装配并妥善封装、密封良好 |
| | 5 | 固化及清理 | 完成胶粘剂(及树脂基体)的固化交联反应,对固化后的构件进行表面清理 |
| | 6 | 胶接质量检测 | 对构件的内在质量及胶接质量进行无损检测 |
| | 7 | 全过程胶接质量控制 | 在胶接过程中贯彻执行胶接质量管理程序 |
| 胶接件后续工序 | | 加工及机械连接 | 对胶接件外形进行必要的补充加工,并与其他零件机械连接,制成完整的产品构件 |

## 10.3　先进聚合物基复合材料制件缺陷

聚合物基复合材料制件的成形工艺缺陷有分层、孔洞与孔隙、裂纹、纤维损伤、富脂或贫脂、厚度变化、密度变化、纤维错排、固化不良等。

聚合物基复合材料蜂窝胶接构件在胶接过程中常见的胶接工艺缺陷可分为两部分考虑：一部分与复合材料蒙皮的成形工艺缺陷相同，包括分层、孔洞与孔隙、裂纹、纤维损伤、富脂或贫脂、厚度变化、密度变化、纤维错排、固化不良；另一部分是蒙皮与蜂窝的胶接缺陷，与金属蜂窝胶接结构的主要胶接缺陷类似，包括脱粘、弱胶接、芯子缺陷（芯格鼓胀开胶、芯格横向压缩、芯材压缩或断裂、芯格积水、芯格夹杂物）。复合材料蜂窝胶接结构中的板—板胶接缺陷特征与复合材料板—板胶接结构的缺陷相同。

聚合物基复合材料板—板胶接结构在胶接过程中常见的胶接缺陷也可分为两部分考虑：一部分是复合材料板的缺陷，与复合材料的成形工艺缺陷相同，包括分层、孔洞与孔隙、裂纹、纤维损伤、富脂或贫脂、厚度变化、密度变化、纤维错排、固化不良；另一部分是复合材料板与复合材料板胶接的胶层缺陷，与金属板—板胶接结构的主要胶接缺陷类似，包括脱粘、气孔、疏松、弱粘接、胶缝过厚或不均匀、胶缝过烧或过软、外来夹杂物。

## 复 习 题

1. 说明航空复合材料制件常用的成形方法：
（1）热压罐层压法。
（2）RTM（树脂传递模塑）法。
（3）缠绕法（连续纤维缠绕成形法）。
2. 简述复合材料胶接结构的分类。
3. 简述复合材料胶接的工艺流程。
4. 说出聚合物基复合材料制件的成形工艺缺陷名称。
5. 说出聚合物基复合材料蜂窝胶接构件在胶接过程中常见的胶接工艺缺陷名称。

# 附录　金属材料基础知识

## 一、金属及合金的结构

不论金属还是合金,它们的性能在很大程度上取决于其结构,即取决于其中原子之间的结合和原子在空间上的配置情况。

**1. 纯金属的结构**

1) 金属结合

处于聚集状态的金属,其全部或大部分原子,将它们的外层电子贡献出来为所有原子所共有;共有化了的电子在金属中自由运动,丢失电子后原子的剩余部分是一个正离子;这些共有化了的电子和正离子之间的相互作用,使金属原子结合起来,这种性质的结合称为金属结合。附图1给出了金属结合的示意性模型。它被描绘为许多正离子浸润在共有化电子的气氛中,金属结合又称金属键。

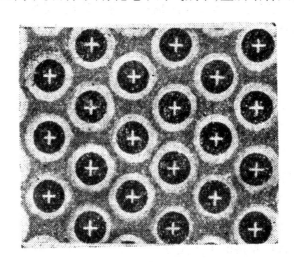

附图1　金属结合的示意模型

金属结合可以定性地理解金属所具有的一些特性。例如,金属的导电性即由于自由电子在一定的电位差下所作的定向运动;物质对热能的传递是靠原子的振动和电子的运动来完成的;当金属在原子层间作相对位移时,正离子仍和自由电子保持着结合,因此金属具有塑性;自由电子吸收可见光的能量,使金属具有不透明性;因吸收能量而激发的电子,当回到低能级产生辐射时,就使金属具有光泽等。

2) 晶体结构

一切金属包括合金在内,都是结晶物质。即在固态金属中,原子呈规则的排列。

在结晶物质中,其质点(原子、离子或分子)作有规则的排列,即相同的质点在空间周期性地重复出现。晶体结构是指原子、离子或分子在晶体中的实际排列情况。

在实际晶体中,质点的分布虽然是有规则的,但又不是完全有规则的。首先,由于原子、分子并非固定不动,而是围绕着某个位置振动;此外,在晶体中存在着各种缺陷,这些缺陷破坏了排列的完整性。同一种金属,由于结晶和加工过程的不同,其内部原子排列的完整程度有所不同,因此,它们的晶体结构有差别。

如果暂时撇开晶体中质点排列在完整度上的差别,把它看成是一个理想化的绝对完整的规则排列,这样就得到晶体点阵。它与晶体结构不同,是一个点的绝对规则分布的阵列,这些点代表着原子振动的中心。晶体点阵的结构单元称为晶胞。

在金属中常见的晶体点阵类型有体心立方、面心立方和密排六方。其晶胞如附图2所示。

3) 晶体缺陷

在实际金属晶体中,原子的排列并非像理想的那样绝对完整,而是,在晶体中的某些部位或某些地带,由于某些原因,原子的规则排列受到干扰,原子排列的重复周期性被破坏。这种排列规则性的破坏,以不同形式表现出来,它们就是在实际晶体结构中,存在着的各种各样的缺陷(晶体缺陷)。

根据这些缺陷存在形式的几何特点,它们被划分为点缺陷、线缺陷和面缺陷三大类。这些在实际晶体中存在的缺陷,对晶体中发生的许多物理化学过程产生重大的影响,并与结构敏感性的性质有着密切的关系。

(1) 点缺陷:长、宽、高的尺寸都很小的缺陷。可分为四类:点阵空位、间隙原子、代位原子和复合点缺陷。

(2) 线缺陷:在晶体的某一平面上,沿着某一方向,向外伸展开的一种缺陷,一个方向上的尺寸很长,另两个方向上的尺寸很短。这类缺陷的具体形式是各种类型的位错。两种简单的位错形式是刃型位错和螺型位错。位错对金属的范性形变、强度、疲劳、蠕变、扩散、相变及其他结构敏感性的性质,都起着重要的作用。

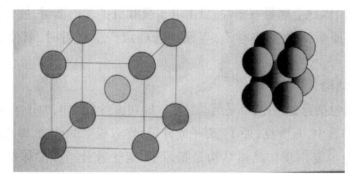

(a)

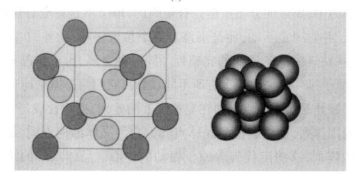

(b)

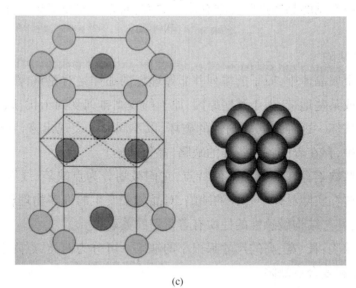

(c)

附图2 体心立方(α铁、β钛等)(a);面心立方(γ铁、β钴、镍、铜等)(b)和
密排六方(α钛、α钴、铝、镁等)(c)的晶胞

(3) 面缺陷:两个方向的尺寸很大,而第三个方向的尺寸很小的缺陷,例如晶体表面、晶界、亚结构边界、堆积层错等皆为面缺陷地带。

工业上大量使用的金属,绝大部分是多晶体。多晶体是许多晶粒的集聚体。晶粒内的点阵结构一定,相邻晶体虽可具有同样的点阵结构,但其晶向总有大的差异。相邻晶粒的交界称为晶界。晶界处的原子排列极不规则,对材料性能影响很大。

**2. 合金的结构**

合金中具有同一化学成分、同一聚集状态并以界面相互分开的各个均匀的组成部分称为相。两相之间的界面称为相界。研究金属与合金中相和组织的形成、变化及其对性能的影响的实验科学称为金相学。

对于大多数合金来说,在熔融状态下,组成合金的各个元素(组元)能够互相完全地溶解,并形成均一的液相。

在液态下组元完全互溶的合金,在凝固以后,从合金的相的组成来看,可以出现以下几种情况:合金是单相的固溶体;合金是两种固溶体的混合物;合金由固溶体加金属化合物组成;合金呈单相的金属化合物。

合金中的组成相的结构和性质对合金的性能起决定性作用。同时,合金组织的变化即合金中相的相对数量、各相的晶粒大小、形状和分布的变化,对合金的性能也产生很大的影响。

(1) 固溶体:第二组元的原子溶入固态金属中,这样形成的合金相称为固溶体。按溶质原子在溶剂点阵中的位置,可分为置换式固溶体和间隙式固溶体(附图3)。在合金系统中,固溶体的晶体结构与溶剂金属相同,但发生点阵常数的变化和点阵的畸变(附图4、附图5),这种变化是合金固溶强化的重要因素。绝大多数工业合金的基体都是固溶体。

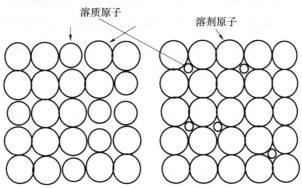

附图3 固溶体的两种类型

(a) 置换式固溶体;(b) 间隙式固溶体。

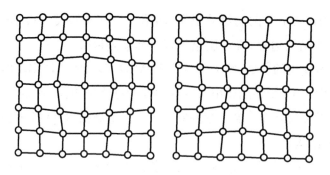

附图 4　形成置换式固溶体时结晶点阵的畸变

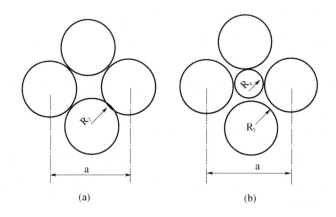

附图 5　由于碳原子溶入 γ 铁而引起的铁原子间距的变化
(a) 纯 γ 铁；(b) γ 铁中溶有碳原子。

（2）金属化合物：又称"金属间化合物"或"中间相"。合金中除固溶体以外所有各相的总称。根据相的结构和性质的特点可把它们划分成不同的类型。比较重要的有：正常价化合物、电子化合物、间隙式金属化合物、具有砷化镍结构的相、Laves 相、σ 相。每一种相的形成有其主导的原因，例如，正常价化合物的形成是组元电化学性差别这个因素起作用的结果；电子化合物、具有砷化镍结构的相、σ 相的形成取决于电子浓度因素；间隙式金属化合物、Laves 相则是建立在组元原子半径相对差别这个因素的基础上。

金属化合物的类型、形态、数量和分布等受化学成分和热处理条件的影响很大。

如果往合金中加入的组元超过了基体金属的固态溶解度，那么，在形成固溶体的同时还会出现第二相。除少数合金系外，这第二相就是金属化合物。在合金中，金属化合物的出现及其数量的增多，对合金的性能将发生很大的影响。

## 二、金属及合金的结晶

工业上所用的金属或合金的构件和零件,有相当大一部分是铸件,另一大部分在制造过程中经过锻造、轧制或其他形式的塑性加工。而在塑性加工之前,金属和合金需先铸成锭。因此,可以说,大多数金属材料的制件,都要经过铸造这一过程。

铸造生产过程对铸件质量的影响取决于一系列的外因和内因。本节仅介绍液态金属或合金于浇铸后在铸模中发生的物理化学变化的基本过程——结晶。这一过程对铸件的质量有重要意义。

**1. 小体积的结晶过程**

小体积结晶是最简单的结晶过程,因为它易于实现均匀冷却。

实验证明:液体金属在熔点以下才开始结晶,且当冷却速度越大时,结晶温度越低。实际结晶温度与理论结晶温度之差值称过冷度。过冷是结晶的条件。

当液体具备了一定的过冷度后,结晶可以进行。结晶的基本过程是形核和随后核的长大;而且,这两个过程在结晶时,是在不同地方同时进行的(附图6)。

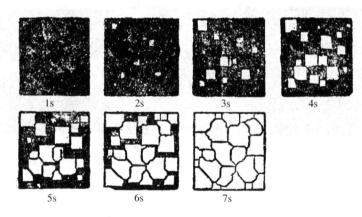

附图6 结晶过程的模型表示法

结晶是晶体从无到有,从小到大的过程。这个过程在一定过冷下进行。过冷度越大,或者冷却速度越大,过程就进行得越快,凝固后的组织——晶粒就越细小。

**2. 大体积结晶过程**

铸锭的结晶是大体积结晶的例子。铸锭结晶的基本规律和小体积结晶的基本规律是一致的。但由于结晶条件的差异,使得结晶过程复杂化了,并且结晶后的组织有不同的特点。表现在:

（1）铸锭结晶不可能达到很大的过冷度。

（2）结晶是由模壁开始而逐渐向中心部分发展，而不是沿整个体积均匀结晶。

（3）结晶后的组织沿铸锭各部分是不均一的。在铸锭截面上可以观察到具有三个不同的组织区域(附图7)。

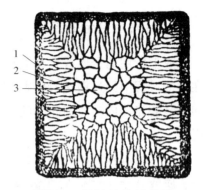

附图7　铸锭结构示意图

1—细等轴晶；2—柱状晶；
3—粗大等轴晶。

最外面的一层是铸锭的薄的外壳层，它由细小的等轴晶粒组成；和这外壳层相连的是一层相当厚的柱状晶区域，它由垂直于模壁的粗大的伸长的晶粒组成；而中心部分，则由粗大的等轴晶粒所构成。这三个区域的大小随结晶条件而变。铸锭越大，不均匀性越显著。这种不均匀性对铸锭的塑性加工性能及其他性能具有重大影响。

附图8、附图9是金属与合金的结晶实例。

附图8　整体涡轮铸件不同部位的晶粒尺寸比较：叶片细晶与盘体粗晶

附图9　DZ4母合金锭的晶粒组织0.8×

### 三、金属及合金的变形、回复和再结晶

金属材料在冶炼浇铸后,绝大多数需要经过加工变形才能成为型材或工件。加工和变形会引起金属和合金组织的重大变化。经过变形的金属和合金大多数要进行退火,而退火又会使其组织和性质发生与形变相反的变化,这个过程叫回复和再结晶。变形、回复和再结晶这些过程相互影响,并与生产紧密联系。

**1. 变形**

对金属及合金进行加工的方式多种多样,例如锻造、轧制、拉拔、冲压等,但就其基本过程来说,则是金属及合金在外力作用下发生了形状和尺寸的改变,我们总称为变形。变形分为三类:弹性变形、塑性变形和断裂。

(1) 弹性变形:外力去除后立即复原的变形。弹性变形时,应力与应变的关系符合胡克定律。在受单向拉伸的情况下,$\sigma = E\varepsilon$,其中,$\varepsilon$ 表示相对伸长,$\sigma$ 表示正应力,$E$ 为弹性模量。在受单纯切变的情况下,$\tau = G\gamma$,其中,$\tau$ 表示切应力,$\gamma$ 表示切应变,$G$ 为切变模量。

一般金属及合金的弹性变形虽然都很小,约为其塑性变形的1%,但是工程上仍应重视,因为绝大多数机械零件为了在使用过程中避免塑性变形,其所受应力必须在弹性范围以内,同时很多机械零件即使少量弹性变形也必须适当控制,以保持极小的间隙或满足类似的其他设计要求。

(2) 塑性变形:当应力增加到超过屈服应力以后,金属即开始永久变形,作用力去除后这一部分变形仍然保留着。产生永久变形的过程称为塑性变形(又称范性变形)。塑性变形可归结为:滑移、孪生、不对称的变形、扩散以及晶界的滑动和移动等五种基本过程。其中滑移和孪生是最基本的。

(3) 断裂。金属塑性变形到一定程度后即分裂为两部分,此种现象称为断裂。但有时亦会在没有发生明显的塑性变形以前即行断裂。前者称塑性断裂或韧性断裂,后者称脆性断裂。金属断裂的机理很复杂,仍有待进一步研究。

从材料本身讲,产生断裂的可能原因包括:金属或合金的组织不均匀,它们具有很多缺陷,因而必然会存在一些最弱的面,裂纹即在此产生并扩展;裂纹可以在多晶体的晶界发生,这取决于晶界的特性;多晶体形变时应力的分布很复杂,因而裂纹会在高应力的区域出现;试样表面或内部有缺口存在时,会造成应力集中,易于产生裂纹;试样内部的残余应力会促进裂纹的产生等。

**2. 回复**

在回复过程中,金属连续地但是部分地恢复了变形前的物理和力学性质。例

如,硬度、强度、弹性极限、矫顽力和电阻都有不同程度的下降,而延伸率、面积收缩率则有一定程度的增加,内应力大部分消除,但是显微组织没有明显的改变。

回复是一个缓慢而连续的过程,原则上在任何温度都可进行,只是温度越低进行越慢。

**3. 再结晶**

经塑性变形的金属和合金,当加热到某一温度以上时,金属和合金组织重新形核并长大,性能也发生剧烈变化,这个变化过程称为再结晶。开始进行再结晶的温度称为再结晶温度,以 $T_{再}$ 表示。再结晶的组织结构与经过变形的组织的区别是:再结晶消除了点阵畸变、改变了晶粒的相对位向和材料的性能。

通过再结晶消除变形组织中点阵畸变的过程,是以再结晶晶粒的成核及长大而实现的。一般可把这一过程分为两个阶段:原有的形变晶粒均被新的无畸变晶粒所取代时,为再结晶的第一阶段,称为"加工再结晶";新形成的无畸变晶粒彼此吞并而继续长大时,为再结晶的第二阶段,称为"集合再结晶"。

在热加工工艺中,广泛利用再结晶过程消除冷作硬化组织,并利用再结晶图制定工艺规范。

## 四、金属及合金的固态转变

金属及合金中的固态转变可归纳为以下几种基本类型:多形性转变;沉淀;共析分解;包析转变;单析转变;化合物的分解与转化;有序化;磁性转变等。

在这些不同形式的转变中,前六种就其实质来讲,是各种各样类型的晶体结构的改变——新相的形成和转化。当发生这种变化时,必然要引起显微组织的改变。

有序化及磁性转变与前几种转变不同。一般来讲,它不伴随合金组织的变化。

在这些转变中,其中少数几个,例如包析转变及单析转变等,直到目前尚未发现其工业意义;而其余的转变,则是工业上被经常用来作为进行各种热处理的基本依据,并赖以提高金属材料的性能。

**1. 多形性转变**

在常压下,许多金属在不同的温度范围里,呈现不同的结晶点阵。例如,钛在882.5℃以下具有密排六方的结晶点阵,称为 α 钛,而在882.5℃以上,一直到它熔化以前,则以体心立方点阵的形式存在,称为 β 钛。其他金属,例如,铁、钴、锰、锡、锆等,它们也都具有这种类似的性质。凡是在不同温度范围里,固态金属呈现不同结晶点阵的这种性质,被称为金属的多形性。将金属加热或由高温冷却下来,一个具有多形性的金属会在某一温度,由某一种结晶点阵转变为另一种结晶点阵,这种变化称为金属的多形性转变(附图10)。

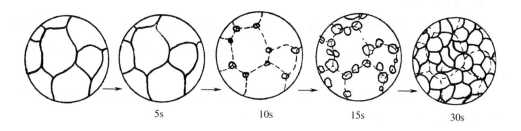

附图10　在恒温下纯铁的多形性转变随时间的演变

若固溶体的基体金属是一个具有多形性的金属,则以它为基形成的固溶体在一定成分范围内,也具有多形性。固溶体的多形性转变,可以认为是基体金属的多形性转变在合金状态下的继续和发展。

**2. 过饱和固溶体的分解**

又称"沉淀"。它是固溶体在过饱和状态析出新相的过程,新相析出后,原固溶体仍然存在,只是它的成分由过饱和状态变为饱和状态,或近似饱和;可用下式表述:

$$\text{过饱和的 } \alpha \rightarrow \text{饱和的 } \alpha + \beta$$

根据具体的合金系,析出相可能是:与原固溶体结构相同,只是成分不同的固溶体;结构与母相相异的固溶体;化合物。沉淀是时效处理的基本依据。

**3. 固溶体的共析转变**

一定成分的固体,在一定的温度(共析温度),同时析出两相的机械混合物的转变。在冷却过程中,两个生成相由原始相中形成,而原始相最终将消失;两个生成相的成分与结构皆不同于原始相。典型的共析转变是铁碳合金中的珠光体转变,若转变在平衡温度下发生,含碳0.77%的奥氏体 $\gamma$ 将分解为含碳量0.0218%的铁素体 $\alpha$ 与含碳量6.57%的渗碳体 $Fe_3C$ 的混合物,其中 $Fe_3C$ 占重量比 $1/8$,其余为铁素体。合金的共析转变,是热处理依赖的重要相变之一。

## 五、金属材料的性能

**1. 概述**

金属及合金在工业上有着广泛的应用。根据不同的使用目的、不同的工作条件,对金属材料有不同的性能要求。金属材料的性能主要包括使用性能和工艺性能。使用性能又包括物理性能、化学性能、力学性能以及其他使用性能(如耐磨性、消震性、耐辐照性等)。

**2. 物理性能**

物理性能是金属材料的热、电、声、光、磁等物理特征的量度。例如金属材料的密度、熔点、比热容、热膨胀、磁性、导电性、导热性以及有关光的折射、反射等性质均属物理性能的范围。

金属材料的物理性能取决于各组成相的成分、原子结构、键合状态、组织结构特征及晶体缺陷特性等因素。

**3. 化学性能**

化学性能包括耐蚀性和化学兼容性等。

**4. 力学性能**

力学性能是表征材料抵抗外力作用能力的衡量指标。主要包括强度、塑性、韧性、硬度、蠕变、持久强度和疲劳抗力等。

(1) 强度:材料在外力作用下抵抗变形和断裂的能力的总称。以光滑拉伸试样为例,在渐增载荷作用下,材料的典型应力—应变曲线如附图11所示。反映金属材料强度的性能指标有比例极限、弹性极限、屈服极限和抗拉强度等。

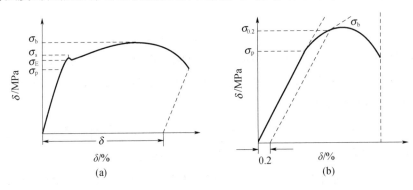

附图11 金属材料的典型拉伸应力—应变曲线

(a)具有明显屈服现象的材料(低碳钢);(b)没有明显屈服现象的材料(钢、不锈钢)。

比例极限($\sigma_P$):材料在受载过程中,应力与应变保持正比关系(服从胡克定律)时的最大应力。生产中有许多在弹性状态下工作的零件,要求应力与应变间有严格的线性关系,如炮筒和测定载荷、位移的传感器中的弹性组件等,就要根据比例极限来设计。

弹性极限($\sigma_E$):材料在受载过程中,未产生残余变形的最大应力。

屈服极限($\sigma_s$):在拉伸过程中,试件所受载荷不再增加,甚至还有下降,而变形继续增加,这一现象称为材料的屈服。出现这一现象时所对应的应力称为材料的物理屈服点(屈服极限)。工程上,对无明显屈服现象的材料,常测定条件屈服极限(又称屈服强度)。即试样上产生的残余变形等于某个规定值(如 0.1% ~ 0.5% 之间,常用 0.2%)时的应力值。用 $\sigma_{0.1}$、$\sigma_{0.2}$ 等表示。屈服极限是设计承受静载机件或构件的主要依据。

抗拉强度($\sigma_b$):又称拉伸强度或拉伸强度极限。单向均匀拉伸载荷作用下断裂时材料的最大正应力。在结构强度设计中,它是进行静强度校核的重要依据。

(2)塑性:指材料或物体在受力时,产生不可恢复的变形(即残余变形)而不破坏的能力;塑性通常用光滑试样拉伸条件下的延伸率 $\delta$ 和断面收缩率 $\Psi$ 来衡量:

$$\delta = (L - L_0)/L_0(\%)$$
$$\Psi = (A_0 - A)/A_0(\%)$$

式中　$L_0$、$L$——试样断裂前、后的计算长度;

　　　$A_0$、$A$——试样断裂前后的断面积。

在技术意义上,材料具有一定的塑性,可以使工件受载时通过局部发生的塑性变形,而使应力重新分布,从而减少应力集中的程度,减少金属脆断的倾向。

(3)韧性:是指材料在外力作用下,断裂前所吸收能量的大小(包括外力所作的变形功和断裂功);韧性是材料强度和塑性的综合表现,通常用冲击韧性或断裂韧度的指标来衡量。韧性越低,则表明材料产生脆性破坏的倾向性越大。当加载方式、加载速度、试验温度以及试样形状不同时,材料的韧性也会发生相应的变化。

冲击韧性:我国采用 U 形缺口试样(梅氏试样)在专用摆锤冲击试验机上被冲断所吸收的能量(冲击吸收功 $A_K$)与缺口处试样断面积的比值(单位为 $J/cm^2$)定义为冲击韧性($\alpha_K$)。有的国家采用 V 形缺口试样在相应试验机上冲断所消耗的冲击功作为夏氏冲击韧性。

断裂韧度:零部件设计的断裂力学方法考虑如下的关系式:

$$K_i = Y\sigma\sqrt{\pi a}$$

式中　$K_i$——裂纹尖端的应力强度因子;$i = $ Ⅰ,Ⅱ,Ⅲ,表示裂纹的三种扩展类型
　　　　　(附图 12)

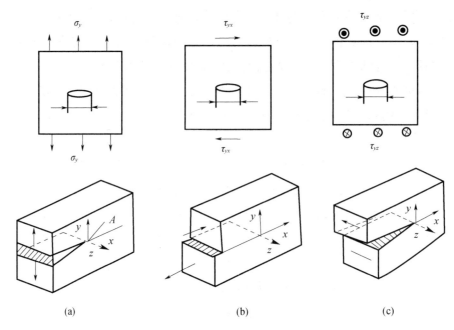

附图 12 裂纹扩展的三种类型
(a) 张开型,Ⅰ型;(b) 滑开型,Ⅱ型;(c) 撕裂型,Ⅲ型。

$\sigma$——外加名义应力;

$a$——零件中裂纹的尺寸;

$Y$——形状因子。

断裂判据是:当外加应力达到断裂应力时,应力强度因子 $K$ 达到断裂时的临界值 $K_c$。

在三种裂纹扩展类型中,材料对Ⅰ型裂纹的扩展抗力最低,引起材料脆性断裂的危险性最大,工程上一般通过 $K_{\mathrm{I}}$ 对构件进行安全设计。

在Ⅰ型裂纹(载荷方向垂直于裂纹面)的几何条件下,且试样完全符合平面应变状态条件时,其临界应力强度因子记为 $K_{\mathrm{IC}}$,称 $K_{\mathrm{IC}}$ 为平面应变断裂韧度。如果不加特别说明,则通常所说的材料断裂韧度就是指 $K_{\mathrm{IC}}$。$K_{\mathrm{IC}}$ 反映材料阻止裂纹失稳扩展的能力,可由试验测出。

(4) 硬度:材料抵抗其他物体刻划或压入其表面而变形的能力或抵抗破裂的能力。硬度与强度有一定的关系,可从硬度求得材料强度的近似值。硬度试验可分为两种基本类型:压入法和刻划法。在工程上,应用最多的是压入法硬度试验,其中又以静力压入法为主,常用的有布氏硬度(HB)、洛氏硬度(HR)、维氏硬度(HV)三种,还有用于测定各种组成相硬度的显微硬度(HM)。

(5) 蠕变:指金属在恒定温度和恒定载荷(或恒定应力)作用下,随着时间的延长缓慢地发生塑性变形的现象。某些有色金属如铅、锌等,在室温下就产生蠕变。钢铁及其他有色金属只有当温度达到一定程度时才会产生蠕变,而且温度越高或施加应力越大,蠕变速度越快。在较高温度下,产生蠕变的应力甚至小于材料的比例极限。蠕变变形与应力、温度、时间有关。

金属的蠕变性能对于发动机转动部件有着重要意义,如涡轮发动机的涡轮盘及叶片,若材料选择或设计不当,由于蠕变过量,就会使叶片端部和机匣的间隙不合适而发生过大的磨损而损坏。

(6) 持久强度:金属材料在恒定温度及恒定载荷(或恒定应力)作用下,与时间有关的抗断裂能力。

金属的持久强度极限——试样在一定温度和固定拉伸载荷下,在规定的持续时间内,引起断裂的最大应力——可用不同形状和尺寸的光滑试样及缺口试样,按照规定的方法来测定。

发动机高温部件所用材料的持久强度和持久塑性(持久延伸率和断面收缩率)是评定零件使用寿命的一项基本性能,是设计、选材的重要依据。

(7) 疲劳抗力:材料在交变应力(应变)作用下,由某些薄弱环节处开始,逐渐发生局部的永久性的微观变化,进而在足够的应力循环次数后,以致发展到完全断裂的过程称为疲劳。此过程一般可归纳为疲劳裂纹的形成、扩展和断裂三个阶段。

材料疲劳性能的优劣可用疲劳极限和疲劳裂纹扩展速率来评价。

疲劳极限是材料在循环载荷作用下,承受近似无限次循环而不产生断裂的最大应力值。工程上常用条件疲劳极限(又称疲劳强度),即试样在循环载荷作用下,在规定的循环次数内(如 $10^6$、$10^7$、$10^8$ 次等)不致产生断裂的最大应力,来评定材料的疲劳强度。

疲劳裂纹扩展速率 $da/dn$ 是构件损伤容限设计的基础之一,可用 Paris 公式来表达,即

$$da/dn = c(\Delta K)^m$$

式中　$\Delta K$——裂纹尖端应力强度因子变量;

　　　$c$ 和 $m$——材料常数。

飞机机体与航空发动机的许多构件都是在循环载荷下工作的,考虑疲劳性能尤为重要。

**5. 工艺性能**

工艺性能是适应各种加工的特性。工艺性能主要是指可铸性、可锻性、可焊性和切削性。

（1）可铸性：又称"铸造性能"，是金属在铸造成形过程中获得外形准确、内部健全铸件的能力。主要包括金属液的流动性、吸气性、氧化性、凝固温度范围和凝固特性、收缩特性、热裂倾向性以及与铸型和造型材料的相互作用等。

① 流动性：金属液本身的流动能力，即液态金属充填铸型的能力。用在规定铸造工艺条件下流动性试样的长度来衡量。

② 收缩特性：铸造合金从液态凝固和冷却到室温过程中产生体积和尺寸缩减的特性。与合金成分及温度变化有关。对铸件而言，还与零件外形、铸件阻力有关。

③ 热裂倾向性：与铸件容易产生热烈缺陷有密切关系的因素。凝固温度范围宽的合金及壁厚相差悬殊、有粗大热节、不利于铸件自由收缩、易产生应力集中的铸件结构具有较大的热裂倾向性。铸件工艺设计不当，浇注温度过高，铸型对铸件收缩阻力大等，都会增大铸件的热裂倾向性。

④ 凝固温度范围：合金（共晶与化合物成分合金除外）从开始凝固至凝固完毕的温度范围。在平衡条件下即为该合金在状态图上的液相点到固相点的温度范围。

⑤ 吸气性：金属熔铸状态吸收气体，及凝固时析出气体的能力。

铸件结构设计必须考虑合金的铸造性能。

（2）可锻性：金属产生塑性变形时所需的功和在变形温度范围内完成塑性变形而不产生破坏的相对能力。

一般衡量可锻性好坏的指标是塑性和变形抗力。各种材料在终锻温度下的拉伸强度，是可锻性的一个近似度量，拉伸强度越低，可锻性越好。

影响可锻性的因素除材料本身外，与变形条件（如变形应力状态、变形速度等）也有很大关系。

（3）可焊性：又称"焊接性"，综合衡量被焊材料在一定工艺条件下实现优质焊接接头难易程度的量度。可焊性反映所选用的材料对焊接工艺的适应性（与焊接方法和施工条件有关）以及焊接结构在使用中的安全可靠性（与设计要求和使用条件有关）。

焊接性好的材料，对焊接工艺的适应性较强，可采用多种焊接方法、简单的工艺和较宽的规范而获得优质接头；产生冷、热裂纹的倾向性较小；对气孔、夹渣等焊接缺陷的形成不敏感;接头内金相组织变化、物理化学特性符合技术条件;接头力学性能、断裂特性以及焊接应力与变形的控制能满足结构使用要求。材料的可焊性用试验方法评定。

(4) 切削性:用切削速度、切削表面粗糙度、刀具寿命及切削功耗等衡量的切削性能。切削性是切削加工工艺所要求的性能。

### 六、金属材料的理化检验

**1. 概述**

金属材料的理化检验包括化学成分分析、金相检验、力学性能试验,以及无损检测。

金属材料的各种性能,或者说它在加工和使用条件下的行为,取决于一系列的外因(温度、应力状态、加力的速度、介质的物理化学性能等)和内因(成分、组织)。

化学成分和组织是决定材料性能的两大内部因素。材料的化学成分不同,其性能也就不同;但是,即便是同一种化学成分的材料,在经过不同的热处理、使其组织发生改变后,材料的性能也将发生改变。

温度、应力状态、加力的速度、介质的物理化学性能等是决定材料性能的外部因素。相同化学成分与组织状态的材料,在不同温度、应力状态、加力速度、介质等作用下所表现出来的力学性能也不同。

通过化学成分分析可获得金属材料的化学成分;通过金相检验可获得金属材料的组织结构;通过力学性能试验可获得相应的力学性能。

可能存在的缺陷的性质、形状、尺寸和部位对原材料及制件的性能有重要影响,缺陷可通过无损检测来探测、定位、测量和评价。

在航空工业各部门,理化检验已成为合金和锻、铸、焊件质量的常规检验方法,制定了各种检验标准,有法可依。理化检验也是研究合金和分析零件失效的重要方法。

**2. 化学成分分析**

化学成分分析方法可分为两大类:一类是以化学反应为基础的分析方法,称为化学分析;另一类是以物质的物理、物理化学为基础并采用特殊仪器的分析方法,称为物理(仪器)分析。常用的化学成分分析方法如附表1所列。分析方法的选用应根据检测要求和试验条件决定。此外,为了分析研究微区(如晶内、晶界及偏析区等)和表面层(深度为几百纳米)的化学元素性质与含量,可分别采用电子探针X射线显微分析仪和俄歇电子能谱仪。

附表1　常用的化学成分分析方法

| 名　　称 | | 特　　点 | 用　　途 |
|---|---|---|---|
| 化学分析 | 重量分析法 | 以称量反应生成物的重量来测定物质含量的分析方法。其分析准确度和精密度均较高，但分析繁琐、时间长、灵敏度低，应用较少 | 组分定量分析、仲裁分析和标样分析 |
| | 容量分析 | 为滴定分析法，其操作方便、迅速、准确度较高，应用广泛 | 组分定量分析 |
| 物理(仪器)分析 | 比色分析法 | 将试样溶液的颜色与已知标准溶液的颜色进行比较来确定物质含量的方法。简单、迅速，应用范围广 | 组分定性和定量分析 |
| | 原子吸收 | 又称"原子吸收光谱"，利用基态原子蒸气能进行分析的方法 | |
| | 发射光谱分析法(ICP、光电直读等) | 根据每种元素各自的特征谱线的强度，测定物质所含元素及元素含量。可同时确定多个元素，灵敏度和准确度较高，操作简便、迅速，应用范围较广 | |
| | X射线荧光分析法 | 利用高能X射线照射被分析试样，使之产生X射线(二次X射线)，分析试样的化学成分。具有谱线少、准确度高、背景小，不破坏或不消耗试样等优点。尤其适于测定含量高、化学性质相似及原子序数大于12的元素 | |
| | 红外吸收分析法 | 使用红外气体分析仪，进行气体含量分析。干扰因素少，灵敏度高，可实现检测的全自动化 | 分析氮、氢、氧的含量 |
| | 电子探针分析法 | 利用聚焦电子束可使固体所含元素发射标识X射线的原理，分析固体微小区域的化学成分 | 分析微区组分的化学组成及含量 |
| | 俄歇能谱分析法 | 利用有特征能量值的俄歇电子进行表面化学成分分析。灵敏度高，速度快，可做点、线、面分析和逐层分析 | 表面(表层)微区化学组成分析 |

**3. 金相检验**

通常,利用放大镜或显微镜观察金属或合金组织的形态、分布及其变化,称为金相检验。金相检验可分为低倍检验和显微检验。

1) 低倍检验

用人眼或放大镜对锻造流线、晶粒大小以及冶金或铸造缺陷(如疏松、偏析、气孔、夹杂物、裂纹等)以及断口的宏观特征等所进行的检验。低倍检验的样品,一般需经粗磨并用特定试剂腐蚀后观察,也可直接观察零件表面或断裂表面。低倍检验观察到的组织称为低倍组织。低倍组织对金属及合金的质量和力学性能有直接的影响。在生产中制定了相应的检验标准,如晶粒度标准、疏松标准、夹杂物标准等。

2) 显微检验

用光学显微镜或电子显微镜等对合金的内部组织及其在加工和使用过程中的变化所进行的检验。显微检验的样品,一般需经砂纸研磨,再行抛光(机械抛光或电解抛光),然后根据需要,用特定试剂腐蚀(化学侵蚀或电解腐蚀)显露其组织。显微检验观察到的组织称为显微组织;也可直接观察断裂表面。显微组织包括金属及合金各种组成相的性质、形态和分布,晶界结构,位错线和形变滑移线的分布,断口的显微特征等。

光学显微镜的放大倍数可达 1000~1500 倍,分辨能力约为 $1.5\mu m$。

电子显微镜包括透射电子显微镜(TEM)、扫描电子显微镜(SEM)和扫描透射电子显微镜(STEM)三类。TEM 的放大倍数可达几十万倍,分辨率达 0.2nm;SEM 可分析 $150mm \times 150mm$ 的实物断口,图像极限分辨率达 0.6nm,配以波长色散谱议(WDS)或能谱仪(EDS)尚可实现微区化学成分分析;STEM 是前两者的结合,可兼有两者的大部分功能。

研究显微组织的目的在于了解材料的组织结构及其与性能的关系,以便控制影响组织的工艺参数,获得所需的性能;分析构件失效的原因,作为改进设计和生产工艺的依据。

**4. 力学性能试验**

金属材料的力学性能试验通常包括拉伸试验、冲击试验、硬度试验、持久强度试验、蠕变试验和疲劳试验。

1) 拉伸试验

拉伸试验是测定材料在轴向、静载下的强度和变形的一种试验。拉伸试验是工业上使用最普遍、最基本的一种力学性能试验方法,它可以测定金属材料的弹性、强度、塑性和硬化指数等许多重要指标。这些指标,在工程设计中不仅是金属材料结构静强度设计的主要依据,而且是评定和选用金属材料及加工工艺的重要参数。材料的比例极限、弹性极限、屈服强度、抗拉强度等强度指标,及伸长率、断面收缩率等塑性指标都可以通过拉伸试验获得。拉伸试验已成为材质检验的重要判据。

2) 冲击试验

目前,生产上广泛采用的冲击试验是缺口试样一次摆锤冲击弯曲试验:将欲测定的材料先加工成标准试样,置于试验机的支座上,将具有一定重量的摆锤举至一定高度,然后将其释放,在摆锤下落最低位置处冲断试样,计算试样断口单位面积所吸收的功,获得冲击韧性 $a_k$。

3) 硬度试验

金属硬度试验与轴向拉伸试验一样,也是一种应用最广泛的力学性能试验方法。生产上应用最多的是压入法硬度,包括布氏硬度、洛氏硬度、维氏硬度和显微硬度。

布氏硬度的测试原理是在一定直径的钢球上,加一定大小的负荷,压入被试金属的表面,根据压痕的表面积,计算单位压痕表面积所承受的平均应力值,以此作为布氏硬度 HB 值的计量指标。布氏硬度压痕面积较大,适宜于测定具有粗大晶粒或粗大组成的金属材料;由于钢球硬度的限制,只能测定 HB 小于 450 的材料。

洛氏硬度与布氏硬度一样,也是一种压入法试验,但它不是测定压痕的面积,而是测定压痕的深度,以压痕深度表示材料的硬度值。洛氏硬度试验的压头有两种:一种是锥角 120° 的金刚石圆锥体,适合于测定淬火钢等硬度较高的金属材料;另一种是直径 1.588mm 或 3.175mm 的钢球,适合于退火钢、有色金属等较软材料硬度值的测定。洛氏硬度适宜于大量生产中的成品检验。

维氏硬度的测试原理与布氏硬度相同,也是根据单位压痕面积上承受的负荷即应力值作为硬度值的计量指标。所不同的是维氏硬度采用由金刚石制成的、锥面夹角为 136° 的四方角锥体。维氏硬度兼顾布氏硬度和洛氏硬度的优点,可以测定任何软硬的材料,且能更好地测试极薄件的硬度;但检验效率不高,不宜用于成批生产的常规检验。试验负荷从 9.8N 至 1176N 可选。

显微硬度通常是指维氏显微硬度,其测量原理与维氏硬度相同,只是试验负荷较维氏硬度试验小得多,仅零点零几牛至 1.96N,适用于测定在一个极小体积内,如个别晶粒、个别夹杂物、或其他组织组成物的硬度值。

4）蠕变试验

一般来说，蠕变试验必须用较多的相同试样，分别在给定的工作条件（应力和温度）附近，在专用的蠕变试验机上试验，获得在给定的恒定温度和恒定负荷下，试样标距的变形与时间的关系曲线。根据试验结果，可计算出蠕变极限。

蠕变试验的目的通常有两个：通过试验确定已选定材料在相应于用它所作零件的工作条件下的蠕变抗力，或者对一种新材料的蠕变特性作全面鉴定。

5）持久强度试验

持久强度试验是在某一恒定温度和恒定负荷下，测量试样直至最终断裂所经历的时间，同时也测定试样延伸率和断面收缩率。材料的持久强度性能用持久强度极限来表征。持久强度极限定义为试样在恒定温度和恒定负荷作用下，达到规定的持续时间不致断裂的最大应力。

6）疲劳试验

疲劳试验是在交变载荷作用下，获得用疲劳曲线来描述的所承受的交变应力与寿命之间的关系。在不同应力水平下拟合中值疲劳寿命估计量，并且在各个指定寿命下拟合中值疲劳强度估计值所得到的曲线即50%存活率的应力－寿命关系曲线，通常称为$S-N$曲线。$S-N$曲线上水平部分对应的应力，即为材料的疲劳极限。

**5. 无损检测**

考虑到无损检测已在第一篇 航空无损检测概论中讨论过，此处从略。

## 七、零件的失效

**1. 失效的概念**

设计和制造任何一个产品的最终目的都不外乎是使其在整个机器使用过程中，在特定的寿命内，能胜任其所指定的功能。失效即指产品失去所规定的功能。材料本身无所谓失效。一切失效都表现在制成的产品在服役过程中的失去作用。失效可定义为产品丧失规定的功能。对可修复产品，通常也称为故障。

一个机件的失效所造成的后果可能是轻微的，也可能是严重的。轻微的例子如：一个机床齿轮的牙齿打掉，掉换一个齿轮即可继续使用；活塞环折断，掉换一个活塞环或者如果刮伤气缸则再掉换一只气缸即可解决问题。严重的例子如：飞机发动机曲轴折断可能造成机毁人亡；石油井钻杆折断可能使几千米的钻进前功尽弃；锅炉或高压容器爆炸会造成巨大损失。

失效不一定指破坏或断裂，例如一根转轴如发生了永久弯曲变形不能自由转动即已失效；反之一根吊物用的链条，如其中一根发生永久变形（拉长）仍可继续使用,直到断开才算失效。内燃机或蒸气机气缸内径变大,活塞外径变小不能密合,即由于尺寸变化而失效。滚珠轴承磨损,间隙过大失掉精度或表面起毛增加功耗,发生噪声也即失效。机床主轴或刀架刚度不足在重切削时因过量弹性变形而失掉预订精度也算失效。可见,失效的表现形式是多种多样的,原因也是各不相同的。

**2. 失效的类型**

常见的产品失效类型包括变形、腐蚀和磨损。

(1) 变形:包括弹性变形、塑性变形和断裂。

弹性变形:失掉精度或作用,导致折曲,如机床零件、枪管炮筒、薄壁结构。

塑性变形:绝大多数机件正常运转中不允许过量塑性变形,否则即失去作用导致折曲或相联零件的损坏。如轴、齿轮、螺钉、弹簧、链条等。

断裂:包括脆性断裂、混合型断裂和塑性断裂。

——脆性断裂:受疲劳载荷的零件或受冲击载荷而有应力集中的机件,低温服役的机件,室温脆性材料如灰铸铁、铸镁合金制成的机件在静载荷下都能发生脆性断裂。

——塑性断裂:高温长时载荷的机件,室温无形变硬化类材料(如锡、铅等)制成的机件短时或长时载荷均可发生塑性断裂。

——混合型断裂:塑性材料制成的机件在室温静载或冲击载荷下先变形后断裂。

(2) 腐蚀:金属材料由于介质的化学和电化学作用,或者由于介质与机械因素或生物学因素同时作用产生的破坏。

(3) 磨损:在滑动摩擦和滚动摩擦中,主要由于机械作用使摩擦表面上的材料粒子脱离母体,导致零件尺寸或表面状态改变,致使零件失效的现象。

**3. 机件失效的原因**

一个特定零件产生失效的原因一般是比较复杂的,其中最主要的涉及到四个方面:设计、制造、材料和使用。

材料本身的问题又可区分为宏观不健全(存在各种缺陷)及对损害抗力不足两方面。

**4. 决定失效类型与失效程度的因素**

决定失效类型与失效程度的因素取决于外在服役条件所产生的损害作用的种类和程度及材料的本性。

(1) 外在服役条件。对一个机器零件而言,外在服役条件可以归结为:

——载荷种类:静载荷,急加载荷(冲击),重复及交变载荷(疲劳),局部压入载荷(接触压力),接触滑动载荷(摩擦咬蚀)等。

——载荷速度及加载时间:缓慢加载,快速加载,瞬时加载,短时加载及卸载,长时加载,加载重复及变向的频率等。

——应力状态(对零件中最危险一点而言):单纯的(拉、压、剪、扭、弯),复合的,总的表现为硬性的(极端的如三向等拉伸)、软性的(极端的如三向压缩),包括先天的或人为的内应力。

——环境:温度(高温、超高温、低温、超低温),接触介质(固体、液体、气体、化学及电化学腐蚀性的、物理吸附性的)。

这些外在服役条件都对机件起着不同程度、不同方式的损害作用,而这些损害作用可以单独起作用,也可以联合起作用,后者所造成的损害作用程度往往是最严重的。例如:腐蚀疲劳(如舰船螺旋桨承受交变弯曲应力载荷,同时承受海水腐蚀,并有谐振引起的应力峰作用的危险)导致的脆性断裂;高温蠕变(高温长时静载荷)导致的塑性变形及塑性断裂,高温应力松弛(如锅炉螺钉)导致的弹性变形转变为塑性变形;高温、蠕变、腐蚀(如石油裂化管)导致的塑性变形至断裂或脆性断裂;低温、冲击、磨损、腐蚀(如火箭用液氧泵轴承)导致的脆性破裂、磨损;高温疲劳(如气轮机、发动机的转子、叶片)导致的脆性断裂;高温、腐蚀、冲刷、磨损(如柴油机排气阀)导致的变形磨损;接触疲劳、多次冲击、磨损(如石油井钻头)导致的脆性断裂、磨损。

(2) 材料的本性。决定失效类型与失效程度的因素除取决于外在服役条件所产生的损害作用的种类和程度外,还取决于材料的本性。例如所有体心立方点阵金属包括 α 铁基合金及六方点阵金属如锌合金都具有低温脆性;而所有面心立方点阵的金属如铜、铝、镍的合金及奥氏体钢在任何温度都显示一定的塑性和韧性。前者对大能量冲击载荷的抗力很弱,易生脆性断裂;后者则不存在脆性断裂失效的危险,而对于小量塑性变形的抗力比较弱。晶粒粗大和组织中存在连续的脆性膜(如受晶界腐蚀的不锈钢)或为大量非金属夹杂物割裂(如灰铸铁)的金属材料都趋向于脆性断裂。再结晶温度较低的金属,高温对塑性变形的抗力均极低,因此易由于过量塑性变形而失效。

# 复 习 题

1. 名称解释

(1) 金属结合;晶体点阵、晶体结构、晶体缺陷;结晶物质、晶粒、多晶体、晶界;相、相界;固溶体、金属化合物。

(2) 变形、回复、再结晶;多形性转变。

(3) 强度,比例极限、弹性极限、屈服极限、屈服强度、抗拉强度;塑性,延伸率、断面收缩率;韧性,冲击韧性、断裂韧度;硬度;蠕变;持久强度;疲劳,疲劳极限、疲劳裂纹扩展速率。

(4) 化学成分分析,化学分析、物理分析;金相检验,低倍检验、显微检验。

(5) 失效。

2. 下列关于结晶学基本知识的论述,正确的是(　　)。

　　A. 当金属在原子层间作相对位移时,正离子仍和自由电子保持着结合,因此金属具有塑性。

　　B. 晶体结构指原子、离子或分子在晶体中的理想化的排列情况。

　　C. 晶体点阵是用来表征晶体内部构造规律性的一种抽象几何图形。

　　D. 晶体原子按理想化的晶体点阵规则排列是不会出现各向异性的。

3. 下列关于结晶学基本知识的论述,不正确的是(　　)。

　　A. 常用金属的晶体结构包括体心立方点阵、面心立方点阵和密排六方点阵。

　　B. 一切金属包括合金在内,都是结晶物质。

　　C. 晶体点阵是原子、离子或分子在晶体中的实际排列情况,质点的分布虽然是有规则的,但又不是完全有规则的。

　　D. 晶体是晶质在空间上的有限部分。

4. 下列关于金属材料结构的论述,不正确的是(　　)。

　　A. 纯金属的结构特点是:原子之间的结合属于金属结合;原子在空间上的配置呈点阵结构;存在晶体缺陷。

　　B. 固溶体的晶体结构与溶剂金属不同。

　　C. 合金中除固溶体以外所有各相的总称定义为金属化合物("金属间化合物"或"中间相")。

　　D. 晶界是晶体缺陷的一种。

5. 下列说法不正确的是(　　)。

　　A. 结晶的基本过程是形核和随后核的长大。

　　B. 过冷度越小,凝固后的组织晶粒就越细小。

　　C. 大体积结晶是由模壁开始而逐渐向中心部分发展的,而不是沿整个体积的均匀结晶。

D. 大体积结晶中心部分是粗大的等轴晶。

6. 关于铸锭结晶组织的论述,正确的是(　　)。

A. 最外面的一层是铸锭的外壳层,它由粗大的等轴晶粒组成。

B. 和外壳层相连的是一层相当厚的柱状晶区域,它由垂直于模壁的粗大的伸长的晶粒组成。

C. 中心部分由细小的等轴晶粒构成。

D. 以上均不正确。

7. 下列关于金属变形的论述,不正确的是(　　)。

A. 金属及合金在外力作用下发生了形状和尺寸的改变,我们总称为变形。

B. 变形分为两类:弹性变形、塑性变形。

C. 滑移和孪生是最基本的塑性变形过程。

D. 金属塑性变形到一定程度后即分裂为两部分,此种现象称为断裂。

8. 下列关于回复与再结晶的论述,不正确的是(　　)。

A. 回复必须在回复温度以上进行;再结晶必须在再结晶温度以上进行。

B. 回复不明显改变显微组织;再结晶导致组织重新形核并长大。

C. 回复部分地恢复变形前的物理和力学性质;再结晶后性能发生剧烈变化。

D. 回复可基本消除内应力;再结晶可完全消除内应力。

9. 下列说法不正确的是(　　)。

A. 韧性是材料强度和塑性的综合表现。

B. 塑性变形是不可恢复的变形。

C. 屈服指材料开始断裂的现象。

D. 强度指材料在外力作用下抵抗变形和断裂的能力。

10. 以下关于可铸性("铸造性能")的论述,不正确的是(　　)。

A. 可铸性定义为金属在铸造成形过程中获得外形准确、内部健全铸件的能力。

B. 流动性是指金属液本身的流动能力,即液态金属充填铸型的能力。

C. 收缩特性是指铸造合金从液态凝固和冷却到室温过程中产生体积和尺寸缩减的特性。

D. 对铸件而言,收缩特性与合金成分及温度变化有关,与零件外形、铸件阻力无关。

11. 下列说法不正确的是(　　)。
    A. 可锻性好坏的指标为塑性与变形抗力。
    B. 终锻温度下的拉伸强度越低,可锻性越差。
    C. 流动性是衡量焊接性的重要指标之一。
    D. 焊接性是衡量被焊材料在一定工艺条件下实现优质焊接接头难易程度的量度。

12. 下列性能中,不属于金属可铸性的是(　　)。
    A. 金属液的流动性。　　B. 塑性。
    C. 热裂倾向性。　　　　D. 收缩特性。

13. 下列关于金属性能的叙述,不正确的是(　　)。
    A. 金属的物理性能是金属材料的热、电、声、光、磁等物理特征的量度。
    B. 金属的力学性能是表征材料抵抗外力作用能力的衡量指标。
    C. 金属的主要工艺性能包括可铸性、可锻性、焊接性、切削性。
    D. 金属的使用性能不包括化学性能。

14. 屈服强度是指,拉伸试验中,(　　)。
    A. 出现屈服现象时所对应的应力值。
    B. 试样上产生的残余变形等于某个规定值(如0.1%～0.5%之间,常用0.2%)时的应力值。
    C. 材料在受载过程中,未产生残余变形的最大应力。
    D. 材料在受载过程中,应力与应变保持正比关系(服从胡克定律)时的最大应力。

15. 下列关于金属材料理化检验的描述,不正确的是(　　)。
    A. 金属材料的理化检验包括化学成分分析、金相检验、力学性能试验,以及无损检测。
    B. 通过化学成分分析可获得金属材料的化学成分;通过金相检验可获得金属材料的组织结构;通过力学性能试验可获得相应的力学性能;通过无损检测可探测、定位、测量和评价缺陷。
    C. 金属材料的力学性能试验通常包括拉伸试验、冲击试验、硬度试验、持久强度试验、蠕变试验和疲劳试验。
    D. 在一定直径的钢球上,加一定大小的负荷,压入被试金属的表面,根据压痕的表面积,计算单位压痕表面积所承受的平均应力值,以此作为维氏硬度的计量指标。

# 参 考 文 献

[1] ASM, Metals Handbook, Ninth Edition, Volume17, Nondestructive Evaluation and Quality Control, 1989.
[2] CT-2, Nondestructive Testing, Liquid Penetrant Testing, PH Diversified, Inc. 1996.
[3] CT-3, Nondestructive Testing, Magnetic Particle Testing, PH Diversified, Inc. 1995.
[4] CT-4, Nondestructive Testing, Ultrasonic Testing, PH Diversified, Inc. 1997.
[5] CT-5, Nondestructive Testing, Eddy Current Testing, PH Diversified, Inc. 1996.
[6] CT-6, Nondestructive Testing, Radiographic Testing, PH Diversified, Inc. 1983.
[7] 国防科技工业无损检测人员资格鉴定与认证考试培训教材编辑委员会. 无损检测综合知识. 北京:机械工业出版社,2004.
[8] 中国机械工程学会无损检测学会. 无损检测概论. 北京:机械工业出版社,1993.
[9] 《航空制造工程手册》总编委会. 航空制造工程手册. 工艺检测. 北京:航空工业出版社,1993.
[10] 李成功,傅恒志,于翘,等. 航空航天材料. 北京:国防工业出版社,2002.
[11] 《化工百科全书》专业卷,冶金和金属材料. 北京:化学工业出版社,2001.
[12] 中国机械工程学会铸造专业分会. 铸造手册第五卷,铸造工艺. 北京:机械工业出版社,1996.
[13] 耿浩然,腾新营,等. 铸造铝、镁合金. 北京:化学工业出版社,2006.
[14] 谢成木. 钛及钛合金铸造——先进铸造技术丛书. 北京:机械工业出版社,2005.
[15] 戴永年,杨武. 有色材料的真空冶金. 北京:冶金工业出版社,2000.
[16] 中国冶金百科全书总编辑委员会. 中国冶金百科全书,金属塑性加工. 北京:冶金工业出版社,1999.
[17] 《航空制造工程手册》总编委会. 航空制造工程手册,热处理. 北京:航空工业出版社,1993.
[18] 《航空制造工程手册》总编委会. 航空制造工程手册,表面处理. 北京:航空工业出版社,1993.
[19] 《航空制造工程手册》总编委会. 航空制造工程手册,焊接. 北京:航空工业出版社,1996.
[20] 《航空制造工程手册》总编委会. 航空制造工程手册,金属结构件胶接. 北京:航空工业出版社,1995.
[21] 中国机械工程学会焊接分会. 焊接词典,2版. 北京:机械工业出版社,1997.
[22] 航空工业科技词典,航空材料与工艺. 北京:国防工业出版社,1982.
[23] 赵渠森. 先进复合材料手册. 北京:机械工业出版社,2003.
[24] 师昌绪. 材料大词典. 北京:化学工业出版社,1994.
[25] 中国冶金百科全书总编辑委员会. 中国冶金大百科全书,金属材料. 北京:冶金工业出版社,2001.
[26] 北京航空材料研究所. 航空材料学. 上海:上海科学技术出版社,1984.

[27] ASTME1316 — 2002a Standard Terminology for Nondestructive Examinations.
[28] 国家标准 GB/T 13304—91 钢分类.
[29] 国家标准 GB 5611—1998 铸造术语.
[30] 国家标准 GB/T 8541—1997 锻造术语.
[31] 国家标准 GB/T 3375—94 焊接术语.
[32] 国家标准 GB 6417—86 金属熔化焊焊缝缺陷分类及说明.